궁 중 음 식
반 가 음 식
향 토 음 식
시 절 음 식

현대적 감각으로 재해석한

한국 전통음식

이진택 · 신경은 · 윤미리 · 장경태 공저

ⓑ (주)백산출판사

한국 음식은 오랜 역사와 풍부한 전통을 바탕으로 발전해 온 독창적인 음식 문화이다. 그 맛과 영양이 세계적으로 인정받고 있으며, 건강과 미각을 동시에 만족시키는 다채로운 매력을 지니고 있다. 이러한 한국 음식의 우수성은 다양한 측면에서 빛을 발하고 있다.

먼저, 한국 음식의 장점 중 하나는 발효 음식이 풍부하다는 점이다. 김치, 된장, 고추장 등 다양한 발효 식품들은 한국 음식의 대표적인 예로, 이들은 면역력을 높이고 소화를 돕는 등 건강에 많은 이점을 제공한다. 발효 과정에서 생성되는 유익한 미생물들은 장 건강을 증진하는 데 도움을 준다. 이러한 발효 음식들은 한국인의 식탁에서 빠질 수 없는 중요한 요소다.

또한, 한국 음식은 계절에 따라 신선한 재료를 활용하는 점에서 매우 뛰어나다. 한국은 사계절이 뚜렷하여 다양한 농산물이 생산된다. 그로 인해 계절마다 새로운 맛을 즐길 수 있다. 봄에는 향긋한 냉이와 쑥, 여름에는 시원한 오이와 수박, 가을에는 고소한 밤과 배, 겨울에는 따뜻한 곰탕과 김장 김치 등 각 계절에 나는 신선한 재료를 활용한 음식들은 한국 음식의 풍미를 더욱 깊고 다채롭게 만들어 준다.

한국 음식의 또 다른 우수성은 균형 잡힌 영양 구성에 있다. 한식은 밥, 국, 반찬 등으로 구성되어 있으며, 이는 탄수화물, 단백질, 지방, 비타민, 미네랄 등 다양한 영양소를 골고루 섭취할 수 있도록 해준다. 특히, 나물 반찬과 같은 채소 요리는 비타민과 식이섬유가 풍부하여 건강한 식단을 유지하는 데 큰 도움을 준다. 이러한 균형 잡힌 식단은 한국인의 건강과 장수의 비결 중 하나로 손꼽힌다.

　마지막으로, 한국 음식은 그 독창적인 맛과 향으로 전 세계인의 입맛을 사로잡고 있다. 고추장의 매콤함, 된장의 깊은 맛, 간장의 짭조름함 등 다양한 조미료들이 어우러져 만들어내는 맛의 조화는 한국 음식의 큰 매력 중 하나이다. 또한, 불고기, 비빔밥, 김치찌개 등 한국을 대표하는 음식들은 이제 전 세계 어디에서나 쉽게 찾아볼 수 있을 정도로 세계인의 사랑을 받고 있다.

　본서에서는 한국 음식의 우수성을 바탕으로, 현대적 감각으로 재해석한 새로운 한국 음식을 소개하고자 한다. 전통과 현대가 조화를 이루는 새로운 한식의 세계를 소개하고 우리나라 음식의 전통의 맛과 멋을 현대적인 조리법과 감각으로 재해석함으로써, 과거의 음식이 현재의 우리에게도 충분히 매력적이고 의미 있는 경험임을 알리기 위해 집필했다. 필자는 학교에 재직하면서 조리, 외식을 전공하는 학생들이 이해하기 쉽고, 실제 조리현장에서 사용할 수 있는 책을 펴내고자 했으며, 본서를 통해 학생들은 단순히 음식을 만드는 과정뿐만 아니라 그 속에 깃든 음식문화를 이해하고 전통과 현대의 조화를 느낄 수 있기를 바란다.

　우리나라 음식은 단순한 식사가 아닌 그 시대의 문화와 철학, 그리고 사람들의 삶을 담아낸 예술이라고 할 수 있다. 본서에서는 우리나라의 다양한 음식 문화를 탐구하며, 다양한 조리 방법을 소개하기 위해 총 4장으로 구성했다.

1장 한국 음식문화 개론, 2장 궁중·반가음식, 3장 향토음식, 4장 시절음식으로 집필했다. 간단히 소개하면 다음과 같다.

1장. 한국 음식문화 개론: 한국 음식문화의 뿌리

한국 음식문화 개론은 한국의 전통 음식과 현대 음식의 특징을 다룬다. 한국 음식은 지역별 특성과 계절에 따라 다양하게 변화하며, 건강과 균형을 중시하는 식습관이 특징이다. 발효음식인 김치, 된장, 고추장이 중요한 역할을 하며, 식탁에서의 공유 문화가 강조된다. 또한, 한국 음식은 색감과 향, 맛의 조화가 중요하며, 예의와 존중이 담긴 식사 예절이 있다. 이러한 요소들은 한국의 정체성과 문화적 가치를 반영한다.

2장. 궁중·반가음식: 왕의 식탁에 오르다.

궁중음식은 조선왕조의 권위와 품격을 상징한다. 왕실의 식탁에는 계절의 변화와 자연의 순환이 고스란히 담겨 있으며, 정교한 요리법과 엄선된 재료는 왕의 건강과 안녕을 기원하는 마음이 깃들어 있다고 할 수 있다. 이 장에서는 궁중의 식사 예법과 함께, 왕과 왕비가 즐겼던 다양한 음식을 소개하며, 현대적 감각으로 재해석한 궁중·반가음식을 통해 우리 과거의 화려함과 오늘날의 심플함이 어떻게 조화를 이룰 수 있는지 탐구할 수 있을 것이다.

3장. 향토음식: 지역의 맛과 이야기를 담다

우리나라의 각 지역은 고유의 자연환경과 문화적 특성을 바탕으로 독특한 향토음식을 발전시켜왔다. 이 장에서는 전국 각지의 향토음식을 알아보며, 그 속에 담긴 각 지역적 특징에 대해 기술했다. 강원도의 메밀음식, 전라도의 한정식, 경상도의 해산물 요리 등 각 지역의 대표 음식을 통해 우리나라의 다양한 지역 문화를 볼 수 있을 것이며, 현대적으로 재해석함으로써 전통적인 맛의 본질은 유지하면서도 새로운 방식으로 그 매력을 재발견할 수 있을 것이다.

4장. 시절음식: 계절과 함께하는 삶의 지혜

우리나라 조상들은 계절의 변화에 따라 다양한 먹거리를 준비하며, 자연과 조화를 이루는 삶을 살아왔다. 이 장에서는 봄의 나물, 여름의 냉국, 가을의 곡식, 겨울의 저장음식 등 계절에 따라 변화하는 시절음식을 현대적 방법으로 해석하여 소개했다. 시절음식은 단순한 먹거리가 아닌 자연의 순환 속에서 얻은 삶의 지혜와 철학을 담고 있다.

끝으로 이 책을 펼 수 있게 도움을 주신 ㈜백산출판사 진욱상 사장님을 비롯하여 이경희 부장님과 편집부 관계자 여러분 그리고 임직원 여러분께 감사드립니다.

저자 일동

차
례

Story 1
한국 음식문화 개론 韓國 飲食文化 概論

① 한국 음식문화의 역사 13

② 한국 음식의 종류와 조리법 16

③ 한국 음식의 상차림 18

④ 한국 음식의 양념 21

Story 2
궁중·반가음식 宮中 · 班家飮食

Story 3
향토음식 鄉土飲食

Story 4
시절음식 時節飮食

Story 1

한국 음식문화 개론

韓國 飮食文化 槪論

Story 1   한국 음식문화 개론

韓 國 飮 食 文 化 概 論

    문화(Culture, 文化)란 인간이 자연 상태에서 벗어나 삶을 풍요롭고 편리하게 만들어가는 과정에서 생성되는 산물로서 의·식·주를 비롯하여 언어와 풍습, 도덕과 종교, 학문과 예술은 물론 각종 제도 따위를 포함한다. 이러한 문화를 형성하는 요인으로는 자연(지형·토양)과 기후적인 요인, 사회·문화적인 요인(종교·의례·가치관) 경제적인 요인, 기술적 요인이 있으며 상대성과 다양성, 공유성과 통합성 그리고 편의성이라는 속성(屬性)이 있다. 따라서 음식문화란 오랫동안 생활 속에서 되풀이되면서 만들어진 포괄적인 식생활에 대한 습관이라 말할 수 있으며 이러한 식문화의 범위는 음식과 함께 음료(酒, 茶)와 식재료, 기호와 영양, 식사예절 등을 포함한다.

    한국은 지리적으로 유라시아 대륙의 극동에 위치하며 삼면이 바다로 둘러싸여 있는 반도국가로서 내륙지역은 동고서저(東高西低)의 형태로 동북지역의 산악지형은 잡곡류와 산채류, 서남지역의 평야지대는 벼농사가 발달되어 왔다. 해안 지역의 경우 겨울철의 한류와 여름철의 난류가 공존하고 평균수온이 20~23℃를 유지함으로써 풍부한 해산물 자원을 보유하고 있다. 한반도는 사계절이 뚜렷하여 산채류가 풍부하고 벼농사에 적합한 환경이다. 또한 제철음식을 비롯해서 염장법, 건조법, 당장법 등의 저장법이 발달하여 장아찌류를 비롯한 간장, 고추장, 된장과 같은 저장음식과 함께 발효음식이 발달했다. 더불어 전통적인 농경문화에서 행해지던 제천의식을 비롯해 삼국시대부터 전래되어 온 불교문화와 조선시대 성리학의 발전에서 비롯된 유교사상은 사찰요리와 궁중·반가 요리를 비롯해서 시식과 절식 같은 규범적 형태의 음식문화가 발전할 수 있었다. 이를 통해 한국 음식은 양적인 측면과 함께 질적인 측면에서 다양한 음식 문화를 형성할 수 있는 계기가 되었다.

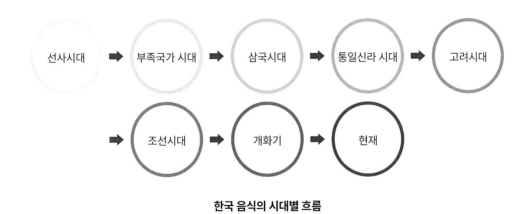

한국 음식의 시대별 흐름

① 한국 음식문화의 역사

1. 한국 음식문화 진입기: 선사시대, 부족국가시대

한국의 조상들은 기원전 6000년경부터 신석기 시대 중반까지 만주 남부를 비롯한 한반도 지역 일대에서 고기잡이나 사냥 등 원시적인 수렵과 어로와 함께 자연적으로 자생하는 농작물을 채집하고 원시적인 농경생활을 했을 것으로 추정된다. 이후 북방 유목민들이 청동기를 가지고 들어와 원주민들과 어울리며 우리 민족의 원형인 맥족이 형성되어 고조선이라는 국가가 세워졌다. 이후 기원전 4세기경 철기문화의 전래와 함께 부족국가 시대로 접어들면서 유목계의 영향으로 농사를 짓기 위한 가축의 발달은 물론 벼, 기장,

조, 피, 콩, 팥, 보리, 수수 등의 곡물 생산이 증가하면서 본격적인 농경사회로 진입하게 되었다. 이때부터 농사가 잘되기를 바라는 주술적 의미의 제천행사를 열어 떡과 술을 만들었으며 여러 종류의 과일들을 특산물로 생산했다.

우리나라 신석기 문화유산

2. 한국 음식문화 구조의 성립기: 삼국시대, 통일신라시대

삼국시대와 통일신라시대는 상용음식의 가공은 물론 주방의 설비 및 식기류의 발달 등 한국 음식문화에서 식생활의 구조적 체계가 성립된 시기로 볼 수 있다. 이 시기의 고구려, 백제, 신라 모두 중앙집권적 국가로 농업을 바탕으로 한 중농정책을 통해 왕권을 강화했으며 고구려는 벼농사의 도입과 철기문화의 수용 등 대륙의 선진문화를 일찍이 받아들였다. 백제는 마한을 배경으로 쌀의 주식화가 이루어졌을 것으로 추정하며, 신라는

6세기경 가야를 점령하면서 벼농사가 보편화되었을 것으로 보고 있다. 특히 『삼국유사』의 「가락국기」 수로왕조에 "과(果)"가 제수로서 처음 언급되고 신문왕 때 왕비의 폐백 품목으로 쌀, 술, 장(醬), 꿀, 기름, 메주(豉) 등을 마련한 기록으로 보아 이 시기부터 한과류를 만들었을 것으로 추정하며, 고분 벽화를 통해 시루를 사용했음을 짐작할 수 있다. 아울러 사회 문화적으로 불교를 국교로 삼음으로써 사찰 음식이 발달한 것이 특징이다.

1) 불교문화에서의 사찰음식의 의의

- 다양한 산채류의 활용과 장류, 부각류 사용
- 저장음식과 약용음식의 발달
- 채수(菜水)의 이용과 천연 조미료(멸치가루, 버섯가루, 다시마가루 등)의 이용
- 자극성이 있는 파, 마늘, 달래, 부추와 홍거의 다섯 가지 오신채(五辛菜) 사용 금지

3. 한국 음식문화 구조의 확립기: 고려시대, 조선시대

고려시대와 조선시대는 한국 음식문화의 확립기라 볼 수 있다. 특히 고려시대는 사회 문화적으로 불교의 성행과 더불어 고려 말기에 나타난 우육식(牛肉食)으로 한국 음식문화에 육식(肉食)과 채식(菜食)의 다양성을 더해 주었으며 기호식품인 설탕과 깨, 소주 등의 전래와 함께 주막의 등장으로 외식, 매식 문화가 생겨났다. 또한 채소 재배 기술이 발달함으로써 한국 김치의 전통이 확립되었고 병과류와 차가 발달하여 다과상 차림의 규범이 성립되었으며 떡의 조리기술이 한층 더 발달하였다.

조선시대는 고려시대의 불교문화에서 성리학을 바탕으로 하는 유교문화로 전환되면서 음식문화 역시 획기적인 전환기를 맞게 되었다. 특히 효(孝)를 중요시하여 노인영양학과 약선(藥膳)요리가 발전하는 계기가 되었다. 또한 갖은 전란으로 인해 구황식(救荒食)이 발전하게 되었으며 특히 조선 중기 이후 임진왜란을 전후해 전래된 고추는 우리나라의 김치가 다양해지는 중요한 동기가 되었다. 아울러 주거와 관련된 온돌(溫突)문화는 고려

의 입식문화에서 좌식문화로 전환하는 계기가 되었다.

1) 풍속적·규범적 특성에 따른 한국 음식문화의 특징

· 농경생활로 한상 차림이 보편화되어 주식과 부식이 명확하게 구분되었다.

· 탕(湯)의 문화로서 국물요리가 발달하였으며 양념의 맛을 중시한다.

· 저장 · 발효음식과 시절식이 발달했다.

· 약식동원(藥食同源) 사상으로 식재료, 양념, 고명을 다양하게 사용했다.

· 곡물요리는 물론 각 지역 고유의 향토음식이 발달했다.

② 한국 음식의 종류와 조리법

한국 음식의 큰 특징인 '주식과 부식의 명확한 구분'으로 음식의 종류가 다양해졌으며 조리법도 발달했다. 이는 농경생활을 하는 문화권에서 주로 나타나는 현상으로 특히 한국의 반상 문화에서 두드러진다. 한국의 주식은 죽류와 밥류를 비롯해 곡물가루를 이용한 국수류와 만두류로 이루어진다. 부식류는 탕(湯)의 문화를 기반으로 하는 탕반류와 밑반찬을 의미하는 찬반류로 분류할 수 있다.

한국 음식의 종류	주식류	죽류, 밥류, 국수류와 만두류	
	부식류	탕반류	갈비탕, 설렁탕, 육개장, 찌개류 등의 국물류
		찬반류	나물류, 조림류, 구이류, 찜류 등의 밑반찬류
한국 음식의 조리법	밥	한국인의 주식으로 쌀을 증기로 쪄서 조리하는 방법이다.	
	죽	쌀을 이용하여 밥보다 묽게 만드는 조리법으로 과거에는 구황식으로 많이 이용되었으나 근래에는 병인식이나 간단한 식사대용으로 많이 이용한다.	
	국·탕·찌개	국물을 이용한 한국의 대표 조리법으로 간의 세기 또는 국물의 양에 따라 명칭이 달라진다.	
	전골	즉석에서 끓여먹는 형태의 조리법으로 국, 탕, 찌개와 함께 대표적인 국물요리이다.	
	조림·초	국, 탕, 찌개, 전골과는 달리 오랫동안 끓이면서 국물을 적게 하고 식품에 윤기가 나게 하는 조리법이다.	
	전·적	전유화 혹은 저냐라고도 불리며 재료에 밀가루와 달걀물을 입혀 번철에 지져내는 음식이다.	
	생채·숙채	채소를 깨끗이 손질하여 날로 먹기도 하고, 양념에 무치거나 끓는 물에 익혀서 만드는 조리법이다.	
	튀김	밀가루와 달걀 등을 묻혀 넉넉한 기름에 튀겨내는 조리법이다.	
	찜·선	식품의 재료를 증기로 익히거나 끓이는 조리법으로 질긴 재료(갈비, 사태, 꼬리 등)의 경우 찜이라 부르고 부드러운 재료(가지, 호박, 두부 등)의 경우 선이라 부른다.	
	구이	한국 음식 중 풍미가 가장 좋은 조리법으로 직화를 이용해서 조리하는 조리법이다.	
	김치	한국 고유의 음식이자 저장·발효음식의 대표적인 조리로 여러 채소를 고루 이용할 수 있어 범위가 다양하다.	
	음청류	한국 음식에서 마시는 음료를 이야기하며 차를 비롯해 화채, 식혜 등 범위가 다양하다.	
	한과	곡물을 이용해 만든 과자류로 튀기거나 찌는 등 만드는 방법이 다양하다.	
	장아찌	김치와 함께 대표적인 저장음식으로 제철 재료를 간장이나 고추장, 된장, 소금, 식초 등을 이용하여 저장용으로 만드는 음식이다.	

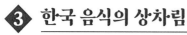

❸ 한국 음식의 상차림

한국의 전통 상차림은 일반적으로 한상 차림 즉 공간배열형의 개념으로 발전해 왔으며 대접받는 사람이나 행사의 성격에 따라 명칭을 달리하였다.

1. 반상(飯床)차림

- 밥과 반찬을 위주로 하여 차려내는 상차림으로 찬은 조리법·재료·색상 등을 고려하여 구성된다.
- 반상에는 3첩, 5첩, 7첩, 9첩, 12첩이 있는데, '첩'이란 접시에 담는 반찬의 수를 의미하고, 첩 수에 포함되지 않고 기본적으로 차리는 음식은 밥, 국, 김치, 찌개, 장류가 있다.
- 옛날 궁중에서는 수라상에 차려지는 음식을 보고 지방의 작황상태를 짐작했다.
- 우리 조상들은 반상을 차릴 때 식재료의 중복을 피하고, 조리법을 다양하게 하여 합리적인 영양 섭취와 풍미를 더하였다.
- 궁중식에서는 밥보다는 반찬 위주로 먹었으며 지금과는 달리 밥을 입가심의 형태로 먹었다.
- 찌개가 두 가지일 경우 토장조치와 맑은 조치를 올린다.
- 김치는 마른김치와 물김치 2종을 준비한다.

❄ 반상 차림의 규범

구분	반찬 수에 포함하지 않는 기본음식							반찬 수에 포함하는 음식										
	밥	국	김치류	장류	조치류	찜/선	전골	생채(나물류)	숙채(나물류)	구이	조림	전	마른반찬	장과	젓갈	회	편육	수란
3첩	1	1	1	1				선택1		선택1			선택1					
5첩	1	1	2	2	1			선택1		1	1	1	선택1					
7첩	1	1	2	3	2	선택1		1	1	1	1	1	선택1			선택1		
9첩	1	1	3	3	2	1	1	1	1	1	1	1	1	1	1	선택1		
12첩	1	2	3	3	2	1	1	1	1	2	1	1	1	1	1	1	1	1

자료:이순옥 외(2011), 조리산업인력관리공단자료 참고하여 재작성

2. 죽상 차림

응이, 미음, 죽 등의 유동식을 중심으로 하고 국물김치(동치미, 나박김치)와 젓국찌개, 마른 찬 등의 간이 약한 찬을 낸다. 죽은 그릇에 담아 중앙에 놓는다.

3. 장국상 차림

면류를 주식으로 하여 차리는 상을 장국상, 혹은 면상(麵床)이라 하며 점심(낮것상)으로 많이 이용한다. 주식으로 온면, 냉면, 떡국, 만둣국 등이 오르고 부식으로는 일반적인 찬 류가 제공된다.

4. 주안상(酒案床) 차림

술을 대접하기 위해서 차리는 상차림으로 안주는 술의 종류와 손님의 기호를 고려해서 준비한다. 보통 마른안주와 전, 편육 등이 제공되고, 국물음식(매운탕, 전골)을 추가하면 좋다.

5. 교자상 차림

근래의 연회 상차림이라 생각하면 된다. 명절이나 잔치, 또는 회식 때 많은 사람이 함께 모여 식사를 할 경우 차리는 상이다. 음식의 종류를 많이 하는 것보다 중심이 되는 요리를 위주로 하고, 기본 상차림에 조화가 되도록 재료를 선정하고 조리법과 영양 등을 고려하여 몇 가지 다른 요리를 만들어 곁들이는 것이 좋은 방법이다.

자료: 경주관광교육원(1990), 한식조리개론, 한국관광공사

❀ 상차림의 종류

반상 차림	밥과 반찬을 위주로 하여 차려내는 밥상차림으로 어린 사람에게는 밥상, 윗사람에게는 진지상, 임금님에게는 수라상이라고 부른다. 전통적으로 독상이 기본이고, 찬은 조리법·재료·색상 등을 고려하여 구성한다. 반상을 차릴 때는 장류를 상차림의 중앙에 놓고, 좌석을 기준으로 오른쪽에 뜨거운 음식을 두고 아래에 내려올수록 국물이 많은 음식을 배열한다. 이것은 대접을 받는 사람이 식사할 때 불편함이 없도록 동선을 고려한 것으로 조상들의 배려를 느낄 수 있다.
죽상 차림	유동식을 중심으로 하고 국물김치(동치미, 나박김치)와 젓국찌개, 마른 찬 등의 간의 세기가 약한 찬을 낸다.
장국상 차림	면류(만두)를 주식으로 하여 차리는 상으로 점심(낮것상)으로 많이 이용한다.
주안상 차림	술을 대접하기 위해서 차리는 상차림으로 안주는 술의 종류, 손님의 기호를 고려해서 준비하며 마른안주와 전, 편육 등을 제공한다.
교자상 차림	명절이나 잔치, 또는 회식 때 많은 사람이 함께 모여 식사를 할 경우 차리는 상차림으로 잔치상으로 의미를 부여할 수 있다.

한국 음식의 양념(藥念)

한국 음식의 맛을 좌우하는 것은 양념이다. 양념은 한문으로 '약념(藥念)'으로 표기하며 '먹어서 몸에 약처럼 이롭기를 염두에 둔다'는 뜻이다. 그 종류로는 간장, 소금, 된장, 고추장, 식초, 설탕 등의 조미료와 고춧가루, 마늘, 생강, 겨자, 후추 등의 향신료로 나눌 수 있다. 특히 한국의 음식은 조림류, 구이류, 무침류 등의 조리법이 일상화되었기 때문에 옛말에 '그집 음식 맛은 장(醬)맛이 좌우한다'는 말이 있듯이 장(醬)은 한국 음식의 맛을 결정하는 데 매우 중요한 역할을 한다. 한국의 양념은 전통적으로 단맛, 쓴맛, 짠맛, 신맛, 매운맛이라는 오미(五味)를 기반으로 장류가 태동하고 결국에는 감칠맛이라는 새로운 맛이 탄생했다.

1. 소금

 소금은 기본적으로 음식의 염도를 조절하는 데 사용되며 아울러 방부제 역할과 재료를 단단하게 해주는 역할을 한다. 호렴은 굵은소금을 이야기하며 간수를 빼서 장을 담그거나 김장과 젓갈을 담글 때 혹은 생선을 절일 때 주로 사용한다. 재렴은 재제염이라고도 하며 꽃소금이라 부르기도 하는 하얗고 고운 소금으로 일반적인 조리용으로 사용된다. 맛소금은 화학조미료 1~2% 정도를 첨가한 것이다.

2. 간장

 간장은 콩(메주)을 소금물에 발효해 만든 조미료로서 한국 음식의 맛을 결정하는 핵심 양념이다. 아미노산이 풍부하며 메주와 소금을 이용해서 전통적인 방법으로 만들어 내는 간장을 조선간장,

국(집)간장이라 부르며 담근 지 1년에서 2년 정도 되는 맑은 장을 청장이라 부른다. 청장은 주로 나물무침이나 맑은국을 끓일 때 사용하며 이러한 청장을 몇 년 정도 더 숙성시켜 진한 맛과 풍부한 향을 만들어 내는 것을 진장 혹은 진간장이라 부른다. 시중에서 많이 판매되는 양조간장은 왜간장 또는 개량간장이라 부르며 볶은 콩에 보리나 밀을 넣어 6개월에서 1년 정도 숙성하여 만든다. 이 외에 산분해 간장은 식용 염산을 사용하여 단백질을 분해해 만들며 제작공정과 간장의 문제점이 없고 제작비용이 저렴한 편이다.

3. 된장

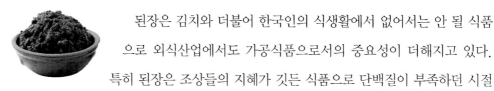

된장은 김치와 더불어 한국인의 식생활에서 없어서는 안 될 식품으로 외식산업에서도 가공식품으로서의 중요성이 더해지고 있다. 특히 된장은 조상들의 지혜가 깃든 식품으로 단백질이 부족하던 시절 한국인의 영양을 책임지던 훌륭한 음식이다. 주로 찌개를 끓이거나 나물을 무칠 때 많이 이용하며 음식을 만들 때 좋지 않은 냄새를 제거하는 기능이 있다. 삼국시대부터 만들어 먹었던 것으로 추정되며 『본초강목』에서는 "개에게 물렸거나 끓는 물, 혹은 불에 데인 화상의 초기와 종기에 바르면 좋다"고 하였다. 성질이 냉(冷)하고 맛이 짜며(鹹) 독이 없어 독벌레나 벌에 쏘여 생기는 독을 풀어주는 민간요법(해독, 해열)으로도 널리 사용되어 왔으며 근래에는 항암식품으로 널리 알려지며 기능성식품으로서의 가능성을 인정받고 있다.

4. 고춧가루

고추는 윤이 나고 껍질이 두꺼운 것으로 고른다. 고추는 17세기 후반에 들어온 것으로 추정되며 고추의 빨간 빛깔은 캡산틴(capsanthin)이라는 성분이고 매운맛은 캡사이신이라는 성분이다. 한국 고추는 단맛과 매운맛의 조화가 좋으며, 고춧가루는 붉은 고추를 수확하여 건조한 후 사용한다. 곱게 빻은 고춧가루는 고추장이나 조미료용으로 사용하고 굵게 빻은 고춧가루는 김장용이나 무침으로 많이 이용한다.

5. 고추장

고추가 우리나라에 유입된 초기에는 향신료로 사용하였으나, 고추 재배가 널리 보급되면서 된장과 간장에 매운맛을 첨가하는 방법으로 발달되었을 것으로 추정된다. 구이류, 장아찌류 조리방법에서 널리 애용되고 있으며 엿기름, 고춧가루 등을 사용하여 단맛과 매운맛이 한데 어우러진 독특한 전통 발효 식품이다. 고추장은 쌀이나 찹쌀, 보리, 밀 같은 곡류에 콩을 섞어 만든 메줏가루와 고춧가루, 소금을 섞어서 만든다. 찹쌀로 담근 고추장은 찌개에 사용하고 조청으로 만든 고추장은 비빔장으로 많이 이용한다.

6. 설탕

설탕은 흑설탕·황설탕·백설탕으로 나누어지며 당도는 색이 흴수록 높다. 조리 시 음식에 광택을 주며 음식의 신맛과 짠맛이 강할 경우 이를 조절해 주는 역할을 하고 질긴 식재료를 부드럽게 해주는 역할을 한다. 특히 말린 나물을 불리는 과정에서 소량 첨가해주면 부드럽게 불릴 수 있다.

7. 향신채소

마늘   생강   대파

　향신채소는 음식의 풍미를 더해주는 동시에 좋지 않은 냄새를 제거하는 데 많이 이용한다. 보통 다져서 사용하며 대파는 생채류나 찌개요리의 고명으로도 많이 사용한다. 마늘의 알리신 성분과 생선의 강한 매운맛은 비린내가 나는 생선이나 고기의 누린내를 제거하는 데 효과가 있다.

8. 참기름

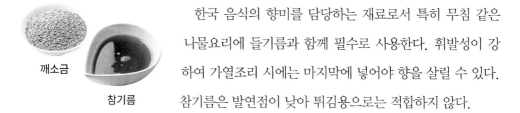

깨소금

참기름

　한국 음식의 향미를 담당하는 재료로서 특히 무침 같은 나물요리에 들기름과 함께 필수로 사용한다. 휘발성이 강하여 가열조리 시에는 마지막에 넣어야 향을 살릴 수 있다. 참기름은 발연점이 낮아 튀김용으로는 적합하지 않다.

9. 식초

　곡물이나 과실을 원료로 하여 만든 양조식초와 화학적으로 합성한 합성식초가 있으며 생선요리의 비린내를 제거하고 단백질 조직을 단단하게 해주는 역할을 한다. 또한 음식의 풍미를 더하여 식욕을 증진하고 상쾌함을 준다. 특히 장류와 함께 한국의 대표음식인 장아찌류를 만들 때 방부작용과 함께 조미료로 많이 이용되며 차가운 음식, 생채, 겨자채, 냉국 등에 신맛을 내기 위해 사용된다.

10. 후추

 한국 음식은 물론 서양음식에서 기본적으로 사용되는 양념으로 중세시대 서양에서는 화폐의 대용으로 사용되기도 하였으며 후추를 확보하기 위해 전쟁도 불사할 정도였다. 한국에는 고려시대 때 유입되었을 것이라 짐작된다. 생선의 비린내나 고기의 누린내를 제거하는 데 사용하며, 특히 음식의 맛을 배가하고 입맛을 살리는 역할을 한다.

11. 젓갈

젓갈은 어패류를 소금에 절여 만든 것으로, 수산업이 발달한 남쪽 지방의 온화한 기후에서 발달 하였다. 젓갈류는 어패류의 단백질 성분이 분해하면서 특유의 향과 맛을 낸다.

식해(食醢)는 어패류를 엿기름과 곡물을 한데 섞어서 고춧가루, 파, 마늘, 소금 등으로 조미하여 만든 저장 · 발효음식으로 가자미식해가 대표적이다.

한국 음식의 고명(Garnish)

서양음식에서 음식의 풍미를 더해주고 외관을 아름답게 하며 주재료를 영양학적으로 보완해주는 것을 Garnish라 표현한다. 한국 음식에서 이와 같은 역할을 하는 것을 고명이라 하는데, '음식의 외관과 풍미, 영양을 높이기 위해 음식 위에 뿌리거나 얹어서 내는 것'으로 정의하고 '웃기' 혹은 '꾸미'라고도 부른다. 고명은 방위(方位)를 기본 원리로 우주와 인간의 질서를 상징하는 오방색(청색, 백색, 적색, 흑색, 황색)으로 한국 음식의 멋스러움을 표현하며, 그 재료로는 달걀지단, 알쌈, 미나리 초대, 잣, 호두, 은행, 실고추, 참깨 등을 사용한다.

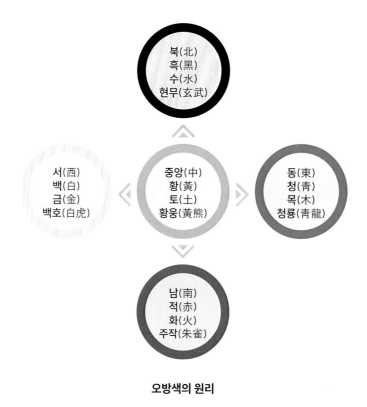

오방색의 원리

고명의 종류

한국 음식에서 고명의 모양은 주재료의 모양을 따르면서 주재료보다 작게 만드는 암묵적인 원칙이 있다. 예를 들어 칼국수의 고명은 국수 면의 모양처럼 채를 썰어 이용하면서 국수의 길이보다 작게 만들어 사용한다.

건/생표고버섯
칼국수, 비빔국수 등에 사용

황백지단
마름모꼴은 만둣국이나 갈비찜, 채 썬 것은 국수류, 잡채 등에 사용한다.

목이버섯
볶음류 등에 볶아서 사용한다.

석이버섯
채를 썰어 알찜류, 국수류 등에 사용한다.

은행
볶은 후 갈비찜 등의 고명으로 이용한다.

실고추
나물류나 조림류 등에 이용한다.

건대추
음청류나 한과류, 화전류 등에 사용한다.

통잣
무침류나 구이류 등에 통으로 혹은 다진 후 사용한다.

깐호두
볶음류, 냉채류 등에 사용한다.

호박씨/해바라기씨
볶음류, 냉채류 등에 사용한다.

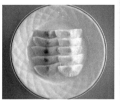
알쌈
신선로 등 고급음식에 사용한다.

미나리초대
만둣국 등 탕류에 사용한다.

고기 완자
탕류, 볶음류 등에 이용한다.

채 썬 고기
탕류, 볶음류 등에 이용한다.

한국 음식문화 개론

6 한국 양념의 목측량

목(目)측량을 다른 말로 표현하면 '어림치' 혹은 '눈대중'이라고 할 수 있다.

예전부터 어머니들께서는 '손맛'에 기반한 눈대중으로 음식을 만들어 왔다. 그러나 조리·외식산업 현장에서 산업화나 기업화를 이루기 위해서는 메뉴의 표준화가 매우 중요한 문제로 대두된다. 생계형 외식업소나 기업 측면에서 경영효율을 이루기 위해서는 맛의 균일화가 매우 중요한 부분으로서 Standard Recipe 즉, 표준 조리법은 그 중요성을 아무리 강조해도 지나침이 없다. 그러나 한국 조리는 외국 조리에 비해 식재료가 광범위하고 장류가 발달했으며 어머니의 손맛에 중점을 둔 '정성'이라는 감성적 조리법을 중요시하므로 표준 조리법을 만들어 내기가 여간 어려운 것이 아니다. 또한 한국의 조리에서 계량을 위한 도구는 어느 정도 발전을 이루었으나 현재까지 한식 재료의 길이나 부피의 표준은 한식조리법 표준화 요구 수준에 못 미치는 것이 사실이다. 물론, 식재료 계측은 재료의 작황과 계측 환경, 계량하는 사람에 따라 어느 정도 차이가 나기 마련이다. 따라서 이러한 문제를 해결하기 위해 한국 기본양념의 목측량을 제시하였다.

◆ 계량도구 & 계량단위

- 저울 : 식품의 무게를 계측할 때 사용하며 전자저울을 사용하는 것이 오차가 적다.
- 계량컵 : 액체의 부피를 가늠하기 위해 사용하며 1Cup은 200cc이다.
- 계량스푼 : 1Table Spoon은 1큰술 = 1Ts로 표기하며 물을 기준으로 할 때 15cc이다.
- 1tea spoon은 1작은술 = 1ts로 표기하며 물을 기준으로 5cc이다.

CUP	FLUID OZ	MILLILITER
1	8	237
3/4	6	178
2/3	5	148
1/2	4	118
1/3	3	88
1/4	2	60
1/8	1	30
1/16	0.5	15

1 pint = 16oz = 500ml / 1quart = 32oz = 1 liter / 1/2gal = 64oz = 2 liter

WEIGHTS	=	GRAMS	WEIGHTS	=	GRAMS
0.035 ounce	=	1 gram	1 pound	=	454 gram
1 ounce	=	28 gram	2.2 pound	=	1 kilo

1 kilo = 1000 gram
1근 = 육류: 600g, 채소류: 375g / 1되 = 1.8L = 1.8kg(물 기준)
5말 = 1가마 / 10되 = 1말

구 분	재 료	단 위	무게	비 고
양념류 목(目)측량 양념류	간 장	1C	200g ~ 210g	1큰술sp = 8g
	고추장	1C	230g ~ 250g	1큰술sp = 15g
	된 장	1C	240g ~ 250g	1큰술sp = 18g
	소금(꽃소금)	1C	125g ~ 135g	1큰술sp = 8g
	꿀	1C	245g ~ 255g	1큰술sp = 16g
	설 탕	1C	150g ~ 160g	1큰술sp = 10g
	물 엿	1C	250g ~ 260g	1큰술sp = 14g
	청 주	1C	170g ~ 180g	1큰술sp = 8g

식 초	1C	170g ~ 180g	1큰술sp = 11g
식용유	1C	160g ~ 170g	1큰술sp = 7g
참기름	1C	150g ~ 160g	1큰술sp = 5g
통 깨	1C	150g ~ 160g	1큰술sp = 5g
후춧가루	1C	120g ~ 130g	1큰술sp = 6g
고춧가루	1C	90g ~ 100g	1큰술sp = 5g
다진 마늘	1C	120g ~ 130g	1큰술sp = 10g
다진 생강	1C	120g ~ 130g	1큰술sp = 10g
다진 파	1C	110g ~ 130g	1큰술sp = 8g
멸치액젓	1C	200g ~ 210g	1큰술sp = 13g
새우젓	1C	240g ~ 250g	1큰술sp = 20g

Story 2

궁중·반가음식
宮中 · 班家飲食

Story 2   궁중·반가음식
宮中 · 班家飮食

인류의 역사를 되짚어 보면 국가 대부분이 절대왕권을 중심으로 발전해 온 것이 주지(周知)의 사실이다. 음식문화 역시 일부 향토색이 강한 음식들이 존재하기는 하지만 전통적으로 궁중에서 먹던 음식들이 그 나라의 음식을 대표한다고 볼 수 있다. 궁중음식(宮中飮食)이란 말 그대로 한 나라를 대표하는 왕이 먹는 음식으로, 훌륭한 조리기술을 가진 사람들이 각 지역에서 진상한 특산물로 정성 들여 만들었기 때문이다.

현재 한국의 궁중 음식이라고 하면 보통 조선시대 궁중요리를 지칭한다. 이러한 이유에는 역사적으로 가장 지근거리에 있으며 잘 훈련된 계승자[주방상궁, 숙수]들의 음식에 대한 이해와 전승의지 등의 노력이 숨어있는 까닭이다. 서두에서 언급한 바와 같이 한국은 유구한 역사와 다양한 먹거리를 가지고 있는 민족이다. 음식문화가 형성되는 요인에는 자연, 기후적인 요소와 지정학적인 요인, 나아가 사회문화적인 요인이 혼재한다. 그중에서 자연, 기후적인 요인이나, 지정학적 요인은 인간이 조정할 수 없는 요인이지만 사회적인 요인, 그중에서도 종교적인 측면은 사회의 관습 및 규범적인 요인에 영향을 많이 받는 것이 사실이다. 한국은 이러한 종교적인 측면에서 불교의 영향을 오랫동안 받아온 것이 사실이나 작금의 궁중요리는 역사적으로 가장 가까이 있는 유교적 규범에 영향을 많이 받은 것이 사실이다. 또한 한식을 전통적 관점에서 구분해 보면 크게 궁중요리와 반가요리, 향토요리와 가정요리로 구분할 수 있다. 이 장에서 다루려고 하는 궁중요리는 반가요리를 포함한다. 엄밀하게 말하면 조선의 궁중요리와 반가요리는 상차림의 형식이 명확하게 구별되어 별개로 볼 수 있다. 하지만 혼례나 기타 특정한 날에 임금이 신하에게 음식을 하사하는 등 궁중과 민가 사이에 음식 교류가 있었으므로 조리법이나 식재료 측면에서는 맥을 같이한다고 볼 수 있다.

궁중의 식생활

한국의 궁중 식생활과 관련된 사료(史料)는 고려 말에서부터 조선 성종까지는『경국대전』을 통해 알 수 있으며 조선시대의 궁중음식에 대한 역사는 진연·진찬·진작 등의 각종 의궤,『음식발기』,『조선왕조실록』등의 문헌을 통해 알 수 있다. 특히 1797년 혜경궁 홍씨의 회갑연을 기록한『원행을묘정리의궤』는 궁중 일상식의 중요한 사료(史料)로 가치를 인정받고 있다.

1. 궁중의 일상식

궁중에서는 평상시에 이른 아침의 초조반과 조반, 석반, 두 번의 수라상 그리고 점심 때 차리는 낮것상과 밤중에 내는 야참으로 다섯 번의 식사를 올린다. 낮것은 점심과 저녁 사이의 간단한 입매상으로 장국상 또는 다과상이다.

세 번의 식사 외에 야참으로는 면, 약식, 식혜 또는 우유죽 등을 올렸다. 현재 알려진 수라상 차림은 한말 궁중의 상궁들과 왕손들의 구전으로 전해진 것으로 조선시대 전반에 걸친 수라상 차림이라고는 할 수 없다.

궁중의 일상식에 대한 문헌자료는 연회식에 관한 자료보다 훨씬 부족한 형편이다. 그 중 유일하게 궁중 일상식을 알 수 있는 문헌으로『원행을묘정리의궤』가 남아 있다. 이 의궤는 정조 19년(1795)에 모후인 혜경궁 홍씨(사도세자빈)의 갑년(회갑)을 맞아 화성의 현릉원에 행차하여 잔치를 베푼 기록이다. 왕의 행렬이 한성 경복궁을 출발하여 화성에 가서 진찬을 베풀고 다시 환궁할 때까지 8일간 대접한 식단이 자세히 실려 있다.

특히 일상식에 해당하는 수라상과 죽상, 응이상, 고음상 그리고 면상, 다과상에 해당하는 다소반과가 실려 있다. 이 시기는 18세기 후반으로, 수라상을 비롯한 궁중음식이 구한말(19세기)과는 아주 다른 것을 알 수 있다.

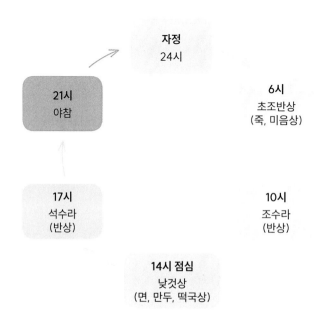

1) 수라상

궁중 음식은 크게 일상식과 연회식으로 나눌 수 있다. 평소 왕에게 올리는 밥은 특별히 수라라 하고 그 상차림을 수라상이라 한다. '수라'라는 단어는 고려시대에 유입된 몽골어에서 기원하여 조선시대 임금의 식사를 가리키는 뜻으로 굳어졌다.

궁중은 현물을 세금처럼 걷어 올리는 공상(供上)제도를 통해 전국의 특산물이 한자리에 모이는 곳이므로 식재료를 풍부하게 사용할 수 있었다. 일상식은 왕의 기호에 따라 사치스러운 산해진미나 검박한 식단으로 차렸다. 궁중의 식사는 본디 하루 다섯 번이 기본이었던 것으로 여겨지나 임금의 취향이나 손님 맞이 등의 사정에 따라 끼니수는 유동적이었다. 일반적으로 아침과 저녁은 수라상을 들었고, 점심에는 면상으로 하는 낮것상, 식간에는 다과상, 새벽에는 죽상, 밤에는 야참을 수시로 올렸다고도 하며, 기록에 따르면 하루에 일곱 번 상을 올린 예도 있다.

반면에 식사 횟수나 음식 가짓수를 줄인 예도 보인다. 왕은 사람의 힘으로 어찌할 수 없는 지경에 다다르면 자신의 부덕함을 이유로 자책하고 백성의 어려움을 위로하는 수단으로 음식 가짓수를 줄이는 감선(減膳)을 시행하였다. 육선(肉膳)을 금하고 소선(素膳)을 통해 절제와 검소를 몸소 실천하니, 보통은 3일에서 5일 정도를 감선하는 기간으로 정했다. 한재, 수재, 천둥, 난리, 상중이나 제사 때에도 음식이나 식사의 개수를 줄였다. 가뭄이 매우 심한 때 낮수라에는 어육을 없애고 단지 수반(水飯, 물을 만 밥) 또는 수요반(水遶飯, 물에 삶은 밥)만 올린 예가 있다.

왕과 왕비의 수라를 만드는 곳은 수라간(水刺間) 또는 소주방(燒廚房)이라고 하며, 음식을 만드는 곳과 드시는 곳과의 거리가 멀었으므로 중간에 음식이 식는 것을 방지하고 상차림을 구성하기 위해 퇴선간에서 상을 차리고 물린 상을 정리했으며 후식은 생과방(生果房)에서 만들어 올렸다. 또한 궁중연회 때에 임시로 설치한 주방을 주원숙설소 또는 내숙설소, 행주방이라 하였다.

수라상의 찬품은 밥과 국, 조치, 전골, 젓국지 외 12가지 찬품으로 구성하며 장류는 청장, 초장, 초고추장, 겨자장 등을 종지에 담아 제공했다. 쟁첩에는 구이, 전유화, 편육, 숙채, 생채, 조리개(조림), 장과, 젓갈 등 12가지 찬물을 올렸으며, 이때 다양한 식재료를 사용함은 물론, 조리법을 다양하게 하여 영양적 구성을 조절했다. 그리고 밥은 입가심의 형태로 먹기 때문에 많이 담지 않았다.

(1) 현재에 전해진 수라상 차림

한국의 일상식 상차림은 탄수화물이 주 영양분인 밥과 기타 영양소를 제공하는 반찬

들로 구성된다. 이러한 기본 구성은 왕의 밥상인 수라상에도 동일하게 적용된다.

조선왕조 마지막 상궁이자 제1대 기능보유자인 한희순이 전해준 수라상은 12첩 반상이다. 첩은 기본 음식 외에 올리는 작은 찬기(쟁첩)에 담긴 반찬을 말하므로, 실제 상에 올리는 음식의 가짓수는 열두 가지가 훨씬 넘는다. 먼저 첩수에 들어가지 않는 기본 음식은 밥 두 가지, 탕 두 가지, 김치 세 가지, 조치 두 가지, 장 세 가지, 찜 한 가지이다. 수라상의 찬은 서로 조리법이나 주재료가 겹치지 않는 것을 원칙으로 하며, 각지에서 진상된 제철 재료로 만든 찬뿐 아니라 장아찌, 젓갈, 마른 찬 등의 저장 음식도 많이 쓰였다.

수라상은 둥근 상 큰 것과 작은 것, 그리고 네모진 책상반으로 3개의 상에 차려진다. 원반 큰 것은 중앙에 놓으며 왕과 왕비가 각각 앉아서 드시는 상이다. 곁상은 원반 작은 것과 네모진 책상반이 쓰인다. 책상반은 전골상으로 고기와 채소를 합에 담아 올려놓고, 장국과 기름 종지를 놓아 전골을 끓일 준비를 하는 상이다. 전골상 옆에는 화로가 있고, 전골틀을 그 위에 놓아 재료를 즉석에서 조리하여 왕에게 올린다.

(2) 수라상에 오른 음식

① 기본 음식

◆ 수라

평소 왕에게 올리는 밥을 특별히 수라라 한다. 백반은 흰밥이며, 홍반은 팥을 넣고 만든 밥으로 붉은팥을 미리 삶아 팥물을 부어 지은 붉은색이 도는 찰밥이다.

◆ 탕

국을 한자로 탕(湯) 또는 갱(羹)이라 한다. 곰탕은 사태, 쇠꼬리, 허파, 양, 곱창을 덩이째 푹 끓이고 무도 함께 끓여서 먹기 좋게 썰어 양념하여 다시 장국에 넣고 끓인다. 미역국은 곽탕(藿湯)이라 하며, 쇠고기를 잘게 썰어서 미역과 한데 볶아 끓인다.

◆ 조치

궁중에서 찌개를 일컫는 말로, 건지가 국보다는 많고 간이 센 편이다. 맛을 내는 장에 따라 보통 된장조치, 고추장조치, 젓국조치로 나눈다. 된장조치는 뚝배기에 두부와 표고버섯, 쇠고기 등을 함께 넣어 물을 붓고 뭉근한 불에 서서히 오래 끓여 낸다. 굴두부젓국조치는 굴과 두부를 넣고 소금이나 새우젓으로 간을 맞춘 담백한 맛의 맑은 조치이다. 굴이나 두부를 넣었기 때문에 지나치게 오래 끓이거나 다시 데우면 맛이 아주 떨어진다.

◆ 찜

찜의 조리법은 국물에 넣어 익히는 방법과 증기로 익히는 방법 두 가지가 있다. 육류찜은 재료를 큼직하게 토막 낸 후 양념하여 뭉근한 불에 오래 끓여서 재료를 무르게 익히며, 어패류는 찜통에 담아 증기로 쪄서 익힌다. 도미찜은 도미를 통째로 쪄서 위에 여러 가지 고명을 장식하여 완성한 것이다. 생선찜은 조직이 연하므로 간을 세게 하거나 오래 가열하지 않는다.

◆ 전골

육류와 채소에 밑간을 하여 합에 담아 상에 올려 준비한다. 화로 위에 전골틀을 올려놓고 그 위에 재료를 올려 즉석에서 끓이면서 먹는 음식이다. 두부전골은 기름에 지진 두부 두 장 사이에 양념한 고기를 채운 다음 채소와 함께 끓여낸 것이다.

◆ 침채류

무, 배추, 오이 등을 소금에 절여서 고추, 마늘, 파, 생강, 젓갈 등의 양념으로 버무린 후 항아리에 담아 발효한 김치이다. 수라상에는 김치 세 종류가 오른다. 궁중에서 담그는 통배추 김치는 젓국지, 깍두기는 송송이라 한다. 동치미는 국물을 많이 넣고 담근 국물 김치이다.

◆ 장류

작은 종지에 담아 수라상에 올리는 장류는 청장, 초간장, 초고추장, 겨자장, 꿀 등으로 국의 간이 부족할 때, 전유화 또는 회를 찍어 먹기 위해 곁들인다. 찬품에 따라 상에 올리는 장 종류도 달라진다. 청장은 국이나 반찬의 간을 맞출 때 쓰고, 초고추장은 고추장에 식초, 설탕 등을 넣고 맛을 내어 회를 찍어 먹는다. 초간장은 간장에 식초, 설탕을 넣어서 만들며 전유화, 편육 등을 찍어 먹는다.

② 찬품

◆ 더운 구이

소, 돼지, 닭 등의 고기는 따뜻할 때 먹는다. 석쇠에 얹어서 직접 불에 굽거나, 번철을 달군 후 올려 구워 만든다. 대표적인 구이 음식인 너비아니는 쇠고기 등심 또는 안심을 얇게 저미서 간장으로 간을 하여 굽는 음식이다.

◆ 찬 구이

김, 더덕 등 채소를 구워 식은 상태로 먹는다. 석쇠에 직화로 굽거나 번철에 굽는다. 기름기가 없는 채소구이이기 때문에 참기름 혹은 들기름을 발라 굽기도 하고, 유장을 고루 발라 초벌하여 굽는 방법도 있다. 김구이는 마른 김에 참기름이나 들기름을 바르고 소금을 약간 뿌려 석쇠에 얹어 굽는데, 타지 않도록 불의 세기를 잘 조절하여야 한다.

◆ 전유화

육류, 어패류, 채소류 등의 재료를 얇게 썰어 소금과 후춧가루로 간을 한 다음 밀가루와 달걀물을 묻혀서 번철에 지져 만든 요리이다. 밀가루 대신 메밀가루를 묻히거나 밀가루즙을 씌워 지지기도 한다. 생선전은 흰살 생선을 얇게 포를 떠서 소금과 후춧가루로 간하고, 밀가루를 얇게 묻혀 달걀물을 담갔다가 번철에 지진다. 완자전은 쇠고기를 곱게 다지고 두부를 물기 없이 꼭 짜서 으깬 다음 쇠고기와 섞어 양념한 뒤, 동글납작하게 빚어서 밀가루와 달걀물을 묻혀 번철에 지진다. 새우전은 새우살을 얇게 저미며 칼집을 내고 소금, 후춧가루로 간한 뒤에 밀가루를 얇게 묻혀 달걀물에 담갔다가 번철에 지진다.

◆ 편육

쇠고기나 돼지고기의 양지머리나 사태 부위를 덩어리째로 삶아 익혀 베 보자기에 싸서 무거운 것으로 눌렀다가 얇게 썬 것으로 양념장이나 새우젓국을 찍어 먹는다. 편육으로 적절한 쇠고기 부위는 양지머리, 사태, 업진, 우설, 쇠머리 등이다. 양지머리 편육은 쇠고기의 양지머리 부위를 덩어리째 삶아 반듯하게 눌러서 얇게 저미며 초간장에 찍어 먹는 음식이다.

◆ 숙채

채소를 익혀서 무치거나 볶아서 만들며, 대부분의 나물이 여기에 속한다. 삼색나물 중 시금치나물은 시금치를 소금물에 파랗게 데쳐 내어 양념에 무치고, 고사리나물과 도라지는 삶아서 양념하여 볶는다.

◆ 생채

계절마다 새로 나오는 싱싱한 채소를 익히지 않고 초장, 초고추장, 겨자장으로 무치는데, 대개 식초와 설탕을 사용하여 새콤달콤하고 산뜻한 맛을 낸다. 탕평채는 녹두 녹말로 만든 청포묵에 볶은 쇠고기, 채소, 지단 등을 함께 초간장으로 버무린 무침이다.

◆ 조리개

조리개는 조림이라고도 하며, 주로 반상에 오르는 찬품으로 육류, 어패류, 채소류로 만든다. 오래 두고 먹을 것은 간을 약간 세게 한다. 닭조리개는 닭의 살만 발라 넓적하게 저민 다음 한 번 삶아 내고, 냄비에 대파, 마늘, 생강, 마른 고추 등의 양념을 넣고 간장, 설탕, 육수로 만든 조림장을 넣어 조린 음식이다.

◆ 장과

장아찌의 한자어이며, 제철에 흔한 채소인 마늘, 마늘종, 깻잎, 무, 오이, 더덕 등을 간장, 고추장, 된장 등에 넣어 장기간 저장한다. 장과는 먹기 직전에 꺼내서 참기름, 설탕, 깨소금 등으로 무쳐서 낸다. 오이갑장과는 장을 쓰지 않고 오이를 소금에 절여 쇠고기, 표고버섯과 함께 볶아 장아찌처럼 만들어 먹는다.

◆ 젓갈

신선한 어패류를 소금에 절여서 장기간 숙성하는 동안 감칠맛과 특유의 향이 더해진 것이다. 명란젓은 추운 겨울에 싱싱한 동태의 알을 모아서 담그는데, 소금, 고춧가루, 마늘을 명란에 고루 발라 작은 항아리나 용기에 담고 숙성해서 만든다.

◆ 마른 찬

육류, 어패류, 해조류 또는 채소류 등을 말리거나 튀겨서 한 그릇에 여러 가지를 어울리게 담는다. 포다식은 육포를 불에 살짝 구워 보풀려서 깨, 참기름, 꿀을 넣어 다식판에 박아 만든다. 굴비자반은 조기의 아가미를 헤치고 깨끗이 씻어 물기를 뺀 다음, 아가미 속에 소금을 가득 넣고 생선 몸 전체에 소금을 뿌려 항아리에 담아 이틀쯤 절인다. 절인 생선을 꺼내어 보에 싸서 하루 정도 눌러 놓았다가 채반에 널어 빳빳해질 때까지 말려서 적당한 크기로 잘라 만든다. 약고추장은 고추장에 다진 쇠고기와 꿀을 넣어 졸인 것이다.

◆ 회

신선한 생선이나 쇠고기 살을 익히거나 조리히지 않고 날것으로 초고추장을 찍어 먹는 음식이다. 전복을 깨끗이 씻어 살을 떼어 내고 내장을 발라낸 후 얇게 썰어서 먹는다.

◆ 수란

수란기 또는 국자에 참기름을 고르게 바르고 달걀을 깨서 담은 후 끓는 물에 달걀 담은 국자를 넣고 중탕하듯 해서 반숙으로 익힌 달걀이다.

◆ 숭늉 또는 곡물차

숭늉은 밥솥 바닥에 눌어붙은 누룽지에 물을 붓고 한소끔 끓인 물이다. 곡물차는 곡류를 우려내 음료로 만든 것을 말한다.

음식명			기명
기본 음식: 수라, 탕, 조치, 찜, 전골, 침채류, 장류			
1. 수라	흰밥, 붉은팥밥 2가지	백반, 홍반	수라기, 주발
2. 탕	미역국, 곰탕 2가지	미역국, 곰탕	탕기, 쟁기
3. 조치	된장조치, 젓국조치 2가지	된장조치, 굴두부젓국조치	조치보, 뚝배기
4. 찜	찜(육류, 생선, 채소) 1가지	도미찜	조반기, 합
5. 전골	재료, 전골틀, 화로 준비	두부전골	전골틀, 합, 종지, 화로
6. 침채류	젓국지, 송송이, 동치미 3가지	젓국지, 송송이, 동치미	김치보, 보시기
7. 장류	청장, 초장, 초고추장, 겨자집 3가지	청장, 초간장, 초고추장	종지
찬품(12첩)			
1. 더운 구이	육류, 어류의 구이나 적	너비아니	쟁첩
2. 찬 구이	김, 더덕, 채소의 구이나 적	김구이	쟁첩
3. 전유화	육류, 어류, 채소류의 전	생선전, 완자전, 새우전	쟁첩
4. 편육	육류 삶은 것	양지머리 편육	쟁첩
5. 숙채	채소류를 익혀서 만든 나물	삼색나물	쟁첩
6. 생채	채소류를 날로 조리한 나물	탕평채	쟁첩
7. 조리개	육류, 어패류, 채소류의 조림	닭조리개	쟁첩
8. 장과	채소 장아찌, 갑장과	오이갑장과	쟁첩
9. 젓갈	어패류의 젓갈	명란젓	쟁첩
10. 마른 찬	포, 자반, 튀각 등의 마른 찬	포다식, 굴비자반, 약고추장	쟁첩
11. 별찬	육류, 어패류, 채소류의 생회, 숙회	전복회	쟁첩
12. 수란	수란 또는 다른 별찬	수란	쟁첩
차수	숭늉 또는 곡물차	숭늉	다관, 대접

(3) 수라상 예법

수라상은 세 개의 상(대원반, 소원반, 책상반)과 전골을 끓이기 위한 화로와 전골틀로 구성되며 기미상궁을 비롯해 전골상궁, 수라상궁 3명의 상궁이 시중을 든다. 대원반을 중앙에 놓고 왕과 왕비가 앉으며 소원반과 책상반은 곁반으로 상궁이 앉아 시중을 든다. 이때 왕이 자리하면 수라상궁이 그릇의 뚜껑을 열어 곁반에 놓는다. 이후 기미상궁이 접시에 찬물을 담아 먹은 후(독의 유무 확인) 왕에게 '젓수십시오'(잡수십시오의 궁중용어)라고 아뢴다. 반상기는 계절에 따라 추석부터 단오 전까지는 은 반상기나 유기 반상기를 사용하고, 단오에서 추석 전까지는 사기 반상기를 사용하고 수저는 계절에 관계없이 은수저를 사용하였다.

(4) 수라상의 기명

수라상은 큰 원반과 곁반인 작은 원반, 책상반의 3개 상에 차린다. 대원반은 붉은색 주칠(朱漆)을 하고 중자재로 문양을 넣거나 용틀임 장식이 조각되어 있다. 대원반은 중앙에 놓으며 왕과 왕비가 앉아서 드시는 상이다. 곁반으로 소원반과 네모진 책상반이 쓰인다. 책상반 대신 때로는 둥근 소반을 쓰기도 한다.

찬물을 담는 그릇은 철에 따라 달리 쓴다. 추운 철인 추석부터 다음 해의 단오 전까지는 은 반상기를 쓰고, 더운 철인 단오에서서 추석 전까지는 사기 반상기를 쓰고, 수저는 연중 내내 은수저가 쓰였다. 조선조 말에 쓰이던 수라상과 은 반상기, 칠보 반상기 등이 창덕궁 전시실에 보존되어 있다.

수라는 주발 모양의 수라기에 담는다. 수라기는 모양이 주발 또는 바리 합처럼 생긴 것도 있다. 탕은 수라기와 같은 모양인데 크기가 작은 갱기(羹器)에 담는다. 조치는 갱기보다 한 둘레 작은 그릇에 올리는데, 하나에는 토장찌개, 또 하나에는 젓국찌개를 담는다. 수라상에 올리는 기명은 거의 은기나 사기인데 예외로 토장조치는 작은 뚝배기에 올리기도 했다고 한다. 찜은 대개 조반기(꼭지가 달린 뚜껑이 있는 대접)에 담고, 김치류는 쟁첩보다 큰 보시기에 담는다. 12가지 찬품은 쟁첩이라는 뚜껑이 덮인 납작한 그릇에 담고, 청장·초장·젓국·초고추장 등은 종지에 담는다. 차주는 숭늉도 쓰지만 대개 곡차를 다관(찻주전자)에 담는다. 찻종보다 큰 대접에 담고 쟁반을 받쳐서 곁반에 올린다. 곡차는 보리, 흰콩, 강냉이를 볶아서 끓인다.

(5) 수라상의 반배법

① 대원반 앞줄의 왼쪽에 수라, 오른쪽에 탕을 놓는다. 원반에 백반과 미역국을 놓고 곁반에 홍반과 곰국을 놓는다. 홍반을 잡숫기를 원하시면 백반과 미역국 자리에 홍

반과 공국을 바꾸어 놓는다.

② 대원반의 오른편 앞쪽에 은수저를 두 벌 놓고, 국을 다 드시고 나서 갱기를 물릴 때에 수저 한 벌을 함께 내린다. 차수를 올리고 나서 새 수저를 쓰시도록 한다. 곁반에 놓인 여벌 수저와 공기, 공접시는 기미를 하거나 음식을 덜 때에 쓴다.

③ 비아통이라 하는 토구는 상에서 음식을 먹다가 삼킬 수 없는 뼈나 가시를 담는 그릇으로 대원반의 왼편 끝에 놓는다.

④ 음식의 간을 맞추거나 전유어, 회 등에 필요한 청장, 초장, 초고추장, 젓국, 겨자집 등의 조미품은 수라와 탕의 바로 뒤쪽에 놓는다.

⑤ 기본 찬품 중 찜, 조치 등 더운 음식은 상의 오른쪽에 놓는다. 김치류는 원반의 가장 뒷줄에 왼쪽부터 젓국지(배추김치), 송송이(깍두기), 동치미의 순서로 가장 오른편에 국물김치가 오도록 놓는다.

⑥ 쟁첩에 담는 12가지 찬물 중에 더운 음식과 자주 먹는 찬물은 원반의 오른쪽에 위치하도록 놓고, 젓갈이나 장과(장아찌)처럼 가끔 먹는 찬물은 왼쪽에 가도록 놓는다.

⑦ 더운 찜과 더운 구이, 별찬인 회와 수란 등은 소원반에 두었다가 적절한 때에 대원반에 올리기도 하였다고 한다.

(6)『원행을묘정리의궤』에 기록된 수라상

『원행을묘정리의궤』는 앞서 언급했듯이 왕의 행렬이 현륭원을 방문했던 8일간의 식사를 기록한 책으로 수라상, 죽상, 미음상, 다소반 등 다양한 상차림을 기록하여 궁중의 일상식을 파악할 수 있는 귀중한 자료다.

이 기록에는 정조가 백성들에게 민폐를 안 끼치고 덕을 보여 주는 왕으로서 음식 사치를 하지 말 것을 당부하는 내용이 잘 나타나 있다. 또 정조는 수라상에서 실제로 그 검박함을 보여 주었는데, 어머니 혜경궁 홍씨의 수라상에는 15그릇이 올랐지만 자신의 수라상에는 7그릇을 넘지 않도록 명하였다. 한 예를 들면 윤 2월 9일 혜경궁 홍씨의 아침 수라에는 두 상이 올랐는데, 본상에는 홍반, 어장탕과 함께 조치 두 그릇, 구이 한 그릇, 좌반, 생치병, 젓갈, 채 및 담침채가 각 한 그릇 그리고 장 세 그릇이 올랐으며, 곁상에는 별찬으로 전복찜, 양만두, 각색구이가 올랐다. 정조의 상에는 별찬이 오르지 않았다.

(7) 수라상에 숨어 있는 큰 뜻

열두 가지 반찬에 국, 밥, 찌개 두 그릇씩, 김치 셋, 찜 하나, 전골까지 그 많은 음식을 한 사람을 위해 차리다니, 궁중의 식생활은 지나친 것이 아니었을까? 그러나 수라상이 이렇게 화려한 것은 이유가 있다. 예를 중시했던 조선의 왕은 만백성의 어비이로 모범을 보여야 했으므로 식사 예절이나 식사 횟수, 상차림 등의 구성은 정해진 원칙에 따라 지켜졌으며, 신하와 백성들은 섬김과 공경의 표시로 수라를 정성껏 준비하여 올렸다. 특히 백성들은 농사를 짓고 고기를 잡고 사냥을 해서 제때에 가장 좋은 것만을 왕께 진상했는데, 이 진상품들은 백성들의 생활상을 바로 말해 주는 것이라고 할 수 있다.

따라서 그것으로 음식을 만들어 수라상에 올리면 왕이 전국을 다니지 않아도 백성들의 생활을 살피고 계절을 알 수 있었다. 상 위에 차린 음식이 늘 그대로라면 나라가 태평하다는 증거일 것이고 반찬수가 줄거나 재료가 바뀌었다면 무언가 일이 생겼다는 것을 알 수 있었다.

2) 초조반상

궁중에서는 아침 수라를 10시경에 드시므로 보약을 드시지 않는 날에는 유동식으로 보양이 되는 죽, 미음, 응이 등을 이른 아침에 드린다. 아침 일찍 드시는 조반이므로 초조반 또는 자릿조반이라 한다. 궁중에서 죽은 아플 때 먹는 것이 아니고 초조반 또는 낮 것상에 올리는 경우가 많았다. 죽으로 흰죽, 잣죽, 낙죽(우유죽), 깨죽, 흑임자죽, 행인죽 등을 올린다.

미음으로 차조, 인삼, 대추, 황률 등을 오래 고아서 밭친 차조 미음이나, 멥쌀만을 고아서 밭친 곡정수, 찹쌀과 마른 해삼, 홍합, 우둔고기를 한데 곤 삼합미음 등이 있다.

응이에는 율무응이, 갈분응이, 녹말응이, 오미자응이 등이 있다.

찬품으로는 어포, 육포, 암치보푸라기, 북어보푸라기, 자반 등의 마른찬을 두세 가지를 차리고, 조미에 필요한 소금, 꿀, 청장 등을 종지에 담는다. 김치는 국물김치로 나박김치나 동치미가 어울린다. 죽상에 놓는 조치는 맑은 조치로 소금이나 새우젓국으로 간을 맞춘 찌개이다.

3) 낮것상

점심(點心)은 '낮것'이라 하여 평소에는 마음에 점을 찍을 정도로 가벼운 음식인 응이, 미음, 죽 등의 유동식이나 간단한 다과상을 차려서 올린다. 왕가의 친척이나 손님들이 점심시간에 방문할 때는 국수장국이나 다과상을 차려서 대접한다.

4) 면상

면상에는 여러 병과류와 생과와 면류, 찬물을 한데 차린다. 주식으로는 밥이 아니고 온면, 냉면 또는 떡국이나 만두 중 한 가지를 차리고, 찬물로 편육, 회, 전유화, 신선로 등을 차린다. 면상에는 반상에 오르는 찬물인 장과, 젓갈, 마른찬, 조리개 등은 놓지 않으며 김치는 국물이 많은 나박김치, 장김치, 동치미 등을 놓는다.

탄일이나 명절에는 면상인 장국상을 차려서 손님들을 대접한다. 진찬이나 진연 등 궁중의 큰 잔치 때는 변과와 생실과와 찬물 등을 고루 갖추어 높이 고이는 고임상(고배상)을 차린다. 실제로 드시는 것은 입매상으로 주로 국수와 찬물을 차린다.

2. 궁중의 의례식

궁중의 연회는 왕족의 탄생이나 세자 책봉, 가례, 외국 사신을 맞는 등 국가적인 경사나 행사가 있을 때 빈번하게 열렸다. 연회가 예정되면 미리 진연도감을 임명하여 찬품단자를 만들고 수개월 전부터 제반사항을 진행한다. 이때 소주방은 수라를 담당하므로 임시로 가가(假家)를 지어 숙설소(熟設所)라 하여 연회에 필요한 음식을 준비하게 했다.

궁의 잔치는 규모나 의식 절차에 따라 진풍정(進豊呈), 진연(進宴), 진찬(進饌), 진작(進爵), 수작(授爵) 등으로 구분한다. 하루에 끝나는 것이 아니라 3~5일에 걸쳐 밤낮으로 여러 차례 열리며, 잔치의 종류에 따라 주최하는 이와 손님들이 달라지고 그 규모도 차이가 난다.

잔치는 참여하는 사람에 따라 외연과 내연으로 나뉜다. 외연은 실질적으로 정치를 주도하는 군신이 주축이 외어 왕을 주빈으로 모시고 여는 잔치이고, 내연은 왕실 여성을 주인공으로 하며 세자빈이나 봉호를 가진 여성이 주축이 되는 연향이므로 왕실 친인척이 참여하기도 했다.

궁중의 잔치는 왕이 원한다고 마음대로 열 수 있는 것이 아니었다. 왕, 왕비, 대비 등의 회갑, 탄일, 사순, 오순, 망오(41세), 망육(51세) 등 특별한 날, 또는 왕이 존호를 받거나, 기로소에 들어 가는 날, 왕세자 책봉, 가례, 외국 사신 영접 등 국가적인 경사가 있을 때에만 열었다.

왕실의 잔치는 그 기쁨을 백성과 함께 나누어야 바람직한 것으로 여겼으므로 흉년이 들어 백성들이 어려운 형편에 놓이면 왕실에 경축할 만한 일이 있어도 연향을 오랫동안 연기하거나 아예 베풀지 않기도 했다. 현종 대(1659~1674)에는 흉년으로 한 차례도 연향을 베풀지 않았다. 숙종 즉위 30년이 되던 1703년에도 축하 행사 논의가 있었으나 '흉년으로 백성이 곤궁하니 금년뿐 아니라 명년도 불가하다'라는 견해가 대두되어 논의가 수그러들었다. 1705년에 다시 세자와 제신들이 간곡히 청하여 4월에 진연을 베풀기로 하였는데, 기상이변 등의 이유로 두 번이나 연기한 후 결국 1706년 8월에나 실행에 옮길 수 있었다.

이처럼 연회를 열어야 할 일이 생기면 먼저 신하들이 잔치를 베풀기를 청했는데, 왕은 국가의 재정, 궁궐의 분위기 등을 이유로 여러 차례 사양하며 쉽사리 허락하지 않았다. 그러나 신하들이 계속 청하면 마지못해 이를 받아들이더라도 그 규모를 줄이라고 지시했다.

왕의 허가가 떨어지면 잔치를 열기로 한 날부터 수개월 전에 준비하기 시작했다. 행사를 준비하기 위해 도감이라는 임시 관청을 설치하고, 그 책임을 맡는 관원을 공직자 중에서 선정하여 임시로 겸직 발령하고 연회 당일의 의식 순서, 무용, 노래, 음식 등의 절차와 필요한 물품을 준비하도록 했다. 특히 음식은 연회에 맞는 상차림의 크기 및 음식의 수와 내용을 정하고 『찬품단자』 또는 『음식발기』라는 문서를 작성하여 잔치 음식의 종류와 필요한 식품의 분량 등을 모두 기록했다.

- 진찬: 나라에 행사가 있을 때 베푸는 잔치
- 진연: 왕족에 경사가 있을 때 베푸는 잔치
- 영접진연: 외국 사신을 접대하는 잔치
- 의궤: 나라에 경사스러운 일이 생겼을 때 후세에 참고하기 위해 행사의 경과, 준비 의식 절차, 유공자의 포상에 관한 일들을 기록한 것

1) 진연(進宴)과 진찬(進饌)

조선시대 궁중에서는 왕, 왕비, 대비 등의 회갑(回甲), 탄신(誕辰), 4세, 5세, 41세, 51세 등의 특별한 날이나 이들이 존호(尊號)를 받거나 왕이 기로소(耆老所)에 들어가거나 왕세자 책봉, 가례(嘉禮) 등과 외국의 사신을 맞을 때 등의 국가적인 경사가 있을 때 왕의 윤허(允許)를 받아 큰 연회를 베풀었다.

잔치의 규모나 의식절차에 따라 진연(進宴), 진찬(進饌), 진작(進爵), 수작(受爵) 등으로 나뉘는데 진찬은 나라에 행사가 있을 때, 그리고 진연은 왕족에 경사가 있을 때 베푸는 잔치로 진연이 진찬보다 규모가 작고 의식이 간단하다고는 하지만 연회음식의 내용은 크게 다르지는 않다.

진찬, 진연, 진작 등의 잔치를 열려면 행사하기 수개월 전부터 임시관청인 진찬도감, 진연도감, 진작도감 등을 설치하여 제반 사항을 진행한다. 큰 규모의 잔치인 진찬, 진연, 진작 등의 전모를 기록한 의궤와 담록이 많이 남아 있다.

의궤는 나라에 큰일이 생기거나 경사스러운 일이 생겼을 때 후세에 참고로 삼기 위하

여 그 일의 논의과정, 준비과정, 의식절차, 진행, 행사 후의 유공자의 포상에 관한 일들의 기록이다. 담록은 행사를 치른 과정 전부를 우선 일자 순으로 기록한 것이고 이를 바탕으로 의궤를 만든다.

　규모가 작은 잔치인 탄일이나 축하일에 차린 연회음식의 기록은 궁중의 고문서 중에 음식건기로 상당히 많이 남아 있어 궁중음식 연구에 귀중한 자료가 된다.

　진연, 진찬 때는 도감에서 모든 절차를 계획하여 필요한 물자를 조달하고, 의식절차와 정재(궁중의 무용과 음악)는 여러 차례 습의(예행연습)한다.

　연회음식에 관해서는 연회 일자별로 차리는 찬안의 규모, 종류, 차리는 음식의 이름을 적은 찬품단자(메뉴)를 만든다. 음식을 차리는 데 필요한 상, 기명, 조리기구를 점검하여 부족한 것은 새로 마련한다. 필요한 식품재료를 품의하여 진찻날에 맞추어 미리 준비한다. 연회음식의 조리는 규모에 따라 적당한 인원의 숙수(熟手)를 동원하여 만든다.

　『경국대전』의 「연향(宴享)」 조에는 궁중연회에 대하여 다음과 같이 쓰여 있다.

　"단오, 추석, 행행(行幸: 왕의 나들이), 강무(講武: 조선조 1년에 단오와 추석 때 하던 행사로 일정한 곳에 장수와 군사와 백성들을 모아서 왕이 주장하여 사냥하며 아울러 무예를 닦던 일) 후에는 육조에서 진연(進宴)을 베푼다. 왕세자 및 왕세자빈의 생신에도 같다. 해마다 네 계절의 중간달에는 충훈부(忠勳府)에서 잔치를 베푼다. 적장자 손자도 참석한다. 매년 두 번 종친부(宗親府)와 의빈부(儀賓府)에서 잔치를 베푼다.

　매년 한 번 충익부(忠翊府)에서 잔치를 베푼다. 매년 정조(正朝) 혹은 동지에는 회례연(會禮宴)을 행한다. 왕세자와 문무관이 모두 잔치에 참석한다. 왕비는 내전에서 잔치를 베풀며 왕세자빈과 내외명부가 모두 참석한다. 매년 계추(季秋)에 양로연(養老宴)을 행한다. 대소원인의 나이는 80세 이상인 자가 잔치에 참석한다. 무인들에게는 왕비가 내전에서 잔치를 베푼다. 집방에서는 수령이 내외청에 따로 자리를 마련하여 잔치를 행한다. 관찰사(觀察使), 절도사(節度使)가 중국에 가거나 인국(隣國)에 가는 사신 및 진전원(進箋員)에게는 모두 완이 본조에서 잔치를 베풀어 준다. 진전원에게는 당하관이 대접한다."

2) 진어상

궁중연회는 왕과 왕족께는 많은 가짓수의 음식을 높이 고인 고임상을 올리고 친척, 명부, 제신 등 손님 등에는 사찬상을 내린다. 고임상의 규모는 왕이나 경사를 맞은 당사자에게 올리는 상에 음식의 가짓수도 많고 높이도 높게 차린다.

특히 잔치날에 왕이 받으시는 상을 진어상 또는 어상이라 한다. 진어상에 차리는 음식의 종류, 품수, 높이 등은 뚜렷하게 정해진 규정이 없으나 현재 전해지는 『진찬의궤』의 「찬품」조에 나와 있는 것을 보면 품수와 높이만이 약간 다를 뿐 거의 비슷하다.

음식에 따라 고이는 높이가 다른데 떡류, 각색당, 연사과, 강정, 다식 등 병과류와 생과류는 1자 3치에서 1자 7치 정도로 높이 고인다. 숙실과인 율란, 조란, 생란과 각색정과는 이보다 조금 낮게 고인다. 전유아, 편육, 화양적, 회 등의 찬품은 조과류보다 낮게 고이며, 그 밖의 화채, 찜, 탕, 열구자탕, 장류 등 물기가 많은 것들은 이렇게 고일 수가 없다. 민가에서도 이를 본떠서 혼인, 회갑, 회혼례 때에 고임상을 차려서 축하하며 이 상을 큰상 또는 높이 바라보는 상이라 하여 망상(望床)이라고 한다.

연회 때 왕이나 왕족은 고임상에 차려진 음식을 드시지는 않는다. 실제로 드시는 것은 별도 마련하여 올리는 별찬안이나 술잔을 올리면서 함께 내는 진어미수, 진소선, 진대선, 진탕, 진만두, 진과개 등이다. 올리는 상의 순서 중에 진어염수의 차례도 있고 차를 올리는 진다도 있다.

진찬, 진연의 의례 절차 중에는 음악이나 무용 등이 간간이 들어 있어 한 차례의 잔치에 궁중음악과 궁중무가 십여 가지 이상씩 시연된다. 의례 중에는 왕족에게 치사(축사)와 술잔을 올리는 진작, 진화 등 중요한 절차가 있다.

진찬, 진연에 참석한 왕족과 제신, 종친, 척친, 좌명부, 우명부, 의빈을 비롯하여 악공, 정재여령, 군인에 이르기까지 참석자 전원에게 음식을 대접하는데 이를 사찬상이라 한다. 지위에 따라서 외상 또는 겸상이나 두레반 등에 음식을 차려서 대접한다.

3) 사찬음식

궁중의 연회가 끝나면 퇴선(退膳)한 다음 차렸던 고배 음식을 종친(宗親)이나 신하 집으로 골고루 나누어 보낸다. 높이 고인 음식을 헐어서 하사(下賜)하는 게 아니고 음식 한 가지씩을 한지로 잘 싸서 몇 가지씩 실려 보내므로 각 집이 다른 음식을 받게 된다. 특히 이같이 잔치음식을 분배하는 관리가 있었다고 한다. 음식은 가자(架子: 음식을 나르는 데 쓰는 들것으로 가마처럼 교군이 앞뒤에서 메고 간다)에 실어 보내면 받은 집에서는 음식을 비우며 기명(器皿)을 다시 궁으로 돌려보내야 한다. 이 같은 풍습으로 궁중음식이 대궐 밖으로 나가 양반집에서 궁중의 음식솜씨를 접하게 되어 자연히 고관대작의 집에서는 그 솜씨를 모방하여 사치스러운 음식이 늘어갔을 것이다.

그리고 궁중에서 잔치 중 신하들에게 내리는 사찬 일체를 집으로 가져가게 하는 반지상이 있었다고 고종의 후궁인 삼축당 김씨 등이 전언한다. 한말에 궁중에서 잔치가 있으면 둥근 원반을 수백 개 만들어 인력거에 사람과 함께 실어다 주었다고 한다.

3. 궁중의 시절식

절식(節食)은 다달이 끼어 있는 명절에 차려 먹는 음식이고, 시식(時食)은 춘하추동 계절에 나는 재료로 만든 음식을 통틀어 말한다. 궁중의 사대 명절은 왕의 탄일(誕日), 정조(正朝), 망월(望月, 정월보름), 동지(冬至)이다. 민가에서 예부터 명절로 삼아온 초파일, 단오, 추석은 계절의 문호로 삼아 새 계절복을 갈아입는 것 외에는 별로 다른 의미가 없었다고 한다. 정조에는 하례를 받으시고 잔치를 베풀지만 단오와 추석에는 특별히 차리지 않았다.

1) 정월(正月)

◆ 정월 차례(正月 茶禮)

종묘나 기묘에서 제사를 지내는 것을 차례라 한다. 정월 차례를 떡국 차례라 함은 메

(飯) 대신에 떡국을 올리기 때문이고, 차례를 지내느라 만드는 음식을 세찬(歲饌)이라 한다. 세찬 중에 가장 으뜸은 멥쌀로 만든 흰떡으로, 떡국을 끓일 때 쇠고기, 꿩고기, 닭고기 등과 함께 넣는다.

원단(元旦, 설날 아침)의 절식은 흰떡, 떡국, 만둣국, 약식, 약과, 다식, 정과, 강정, 전야, 빈자떡, 편육, 족편, 누름적, 떡찜, 떡볶이, 생치구이, 전복초, 숙실과, 수정과, 식혜, 젓국지, 동치미, 장김치 등이다.

정월 삼일에는 승검초편, 꿀찰떡, 봉오리떡(두텁떡), 오리알산병, 각색주악, 각색단자 등을 절식으로 삼기도 한다.

◆ 상원(上元)

상원을 대보름이라고도 한다. 대보름 절식은 오곡수라, 묵은 나물, 약식, 유밀과, 원소병, 부름, 유롱주(귀밝이술), 복쌈, 팥죽 등이다. 상원채는 지난해에 말려 갈무리했던 묵은 나물들을 삶아 무치고 오곡밥과 같이 먹으면서 여름에 더위를 안 타고 건강하기를 축원한다.

2) 이월(二月)

◆ 중화절(中和節)

음력 이월 초하룻날을 정조 병진년(1766)에 중국 당나라의 중화절을 본따 농사일이 시작하는 날로 정하여 삼았다. 당나라의 이필이 이금께 "이월 초하루로 중화절을 삼아 백관으로하여금 농서(農書)를 올리게 하고 힘써야 할 근본을 나타내개 하십시오"라고 한 기록에서 따온 것이다. 농가에서는 그해 풍년을 빈다는 뜻으로 정월 대보름날 세워 두었던 벼가릿대에서 벼이삭을 내려서 송편을 만들어 먹는다. 이 떡을 노비에게 나누어 주어 농사일을 격려하니 이날을 노비일(머슴날)이라고도 한다. 그리고 김장철에 말려 두었던 시래기를 양념하여 송편의 소로 넣어 쪄서 먹으면 한 해 동안 고약한 병과 액운을 면할 수 있다고 하여 액막이로 먹는다.

3) 삼월(三月)

◆ 삼짇날

삼춘의 가장 큰 명절로 삼는다. 중국의 풍속을 따라 처음으로 상사(上巳)일을 명절로 삼았는데, 후에는 초삼일로 고정하니 삼(三)이 겹쳐서 중삼(重三)이라는 명칭도 생겼다. 삼동을 꼭 갇혀 살다가 화창한 봄을 맞으니 해방된 기쁨을 만끽하는 명절이라고 본다. 삼짇날의 절식은 청주, 육포, 절편, 녹말편, 조기면, 진달래화전, 화면 등이다.

◆ 한식

한식은 동지에서 105일째 되는 날이며, 이날 성묘를 한다. 민간에서는 설날, 한식, 단오, 추석의 네 명절에 제사를 올리고, 궁중에서는 여기에다 동지를 더하여 오절사라 한다. 술, 과일, 포, 식혜, 떡, 국수, 탕, 적 등을 차려 제사를 지낸다. 민간에서는 이날을 전후하여 쑥탕, 쑥떡을 해먹었다.

4) 사월(四月)

◆ 초파일

초파일은 석가모니의 탄생일로 저녁에 연등하여 경축한다. 중국의 연등회는 정월 15일인데 우리나라는 고려 때부터 4월로 옮겨졌다. 초파일은 고기를 넣지 않은 음식을 베푼다. 소찬(素饌)으로 삶은 콩, 미나리강회, 느티나무잎 시루떡 등이다.

궁중의 초파일 절식은 녹두찰편, 쑥편, 화전, 청홍주악, 석이단자, 국수비빔, 양동구리, 해삼전, 양지머리편육, 신선로, 도미찜, 웅어회, 도미회, 미나리강회, 가련수정과, 순채화채, 청면, 제육편육, 생실과, 숙실과, 햇김치 등이다.

5) 오월(五月)

◆ 단오

단옷날은 수리, 수릿날, 천중절, 단양 등으로 불린다. 이날은 여름 더위가 시작되는 날이라 하여 부녀자들이 창포 삶은 물로 머리를 감고, 조정에서는 지방 고을 수령들이 헌납한 부채를 신하들에게 하사하였다. 이를 단오선(端午扇)이라 하였다.

궁중의 단오 절식은 증편, 어알탕, 준치만두, 앵두화채, 제호탕, 생실과, 수리취떡 등이다.

6) 유월(六月)

◆ 유두

유월 보름을 유두라 하는데, 유두절식은 편수, 봉선화화전, 감국화전, 색비름화전, 맨드라미화전, 밀쌈, 구절판, 깨국탕, 어채, 복분자 화채, 떡수단, 보리수단, 상화병(기주떡) 등이다.

7) 칠월(七月)

◆ 칠석

칠월 칠일의 밤은 견우와 직녀가 일 년에 한 번 오작교에서 만난다는 날이다. 칠석날의 절식은 밀전병, 증편, 육개장, 계전, 잉어구이, 잉어회, 복숭아화채, 오이소박이, 오이깍두기 등이다.

8) 팔월(八月)

◆ 가위

추석을 가배 또는 한가위라고도 한다. 농촌에서는 설과 추석을 가장 큰 명절로 삼는다. 오곡이 다 여물고 과일이 익고 채소도 풍성한 계절인 추수절이니 햇곡식으로 신곡주를 빚고 햇과일을 따서 제물을 만들어 조상께 제사를 올린다.

한가위 절식은 오려송편, 토란탕, 밤단자, 갖은 나물, 가리찜, 배화채 등이다.

9) 구월(九月)

◆ 중양절(重陽節)

양수(陽數)가 겹치고 구(九)가 겹친 날을 명절로 삼는다. 중양절에는 향기가 높은 국화꽃이나 잎으로 화전을 지져 먹고 산과 들로 나가 단풍을 감상하고 국화꽃을 띄운 술을 마신다. 중양절의 절식으로는 감국전, 밤단자, 유자화채, 생실과 등이다.

10) 상달(上月)

◆ 무오일

햇곡식으로 술을 빚고 붉은팥으로 시루떡을 쪄서 마굿간에 갖다 놓고 무병하기를 빈다. 무오일의 절식은 무시루떡, 무오병, 신선로, 감국화전, 유자화채 등이다.

11) 동짓달(十一月)

◆ 동지

동지는 밤이 길고 낮이 가장 짧은 날이다. 조선조 궁중에서는 동지를 소명절이라 하여 정월 다음으로 꼽았다. 동지의 절식은 팥죽, 전약, 식혜, 수정과, 동치미이다.

12) 섣달(十二月)

◆ 납일

동짓날로부터 세 번째 미일(未日)로 그해 농사 형편과 여러 가지 일에 대하여 신에게 고하는 제사(납향: 臘享)를 지내고 사냥을 하는 풍속이 있다. 궁중에서는 왕이 수렵 행차 납신다는 통고가 있으면 사냥터에서 잡수실 음식을 소주방에서 차려서 나갔다. 왕이 수

렵에서 돌아오시면 노루, 산돼지, 메추리, 꿩 등 잡아 온 고기들로 전골을 만들어 잔치를 베풀었다.

4. 궁중의 찬품단자

궁중에서 쓰인 찬품단자는 음식발기라고도 하며 연회음식이 아닌 제사음식, 사찬음 식, 일상식에 이르기까지 음식이 오가는 행사 등을 적은 기록이다. 즉, 한 상에 차리거나 한 번에 사찬한 전 품목 또는 한 끼에 대접한 음식을 모두 모아서 두루마리 종이에 이어 서 정연하게 적은 것이다. 이는 서양의 메뉴(Menu)에 해당된다고 하겠다.

찬품단자의 종류는 진찬발기, 진향발기, 사찬발기, 다례발기, 관례발기, 탄일상발기 등 매우 다양하다. 조선시대 궁중의 찬품단자는 현재 한국정신문화연구원에 150여 통이 소장되어 있으며 민간에서도 전해지고 있다.

찬품단자는 대부분 좋은 한지 두루마리에 일정한 양식으로 정연한 궁체로 쓰였다. 발 기 중에는 좋은 종이에 쓰인 것도 있지만, 같은 내용을 종이의 질이 떨어지는 반지에 서 투른 글씨로 적어놓은 것이 있는데, 이는 왕이나 어른들께 직접 올리는 용도가 아니고 실 제로 일을 진행하는 이들이 메모의 용도나 물자를 청구할 때에 쓴 것으로 추정한다.

진연이나 진찬의 큰잔치 때에 웃어른께 직접 올리는 찬품단자는 한지에 물감을 들여 서 다듬질한 선자지에 대개는 한문으로 썼다. 찬품단자의 첫 줄에 받으시는 분과 올리는 상의 명칭을 적고, 그다음 줄에 상에 차리는 음식 이름을 차례로 적었다. 찬품단자는 병 풍처럼 접어서 같은 색의 봉투에 넣어서 올렸다.

진찬이나 진연 때는 상을 받으시는 분에 따라 찬품단자에 쓰이는 종이의 색을 달리했 다. 대왕대비전은 황색, 대전은 홍색, 중궁전은 청색, 대원군은 보라색, 부대부인은 갈매 색(짙은 초록색), 세자는 주황색, 세자빈은 녹색 종이에 썼다. 이는 음양을 상징하는 색으 로 남성은 붉은색 계통이고, 여성은 푸른색 계통의 종이를 썼다.

연회 때 올리는 찬품단자는 대개 2치 정도의 폭으로 종이를 접어 봉투에 넣고, 봉투 겉

면에 받으실 분을 명확히 적어서 주칠함에 담아 음식을 올리기 전에 먼저 찬품단자를 올렸다.

한 잔치에서 같은 분이 여러 차례 상을 받으실 때는 그때마다 찬품단자를 먼저 올린 후에 음식을 올렸다. 예를 들어 정일 진찬에서는 대왕대비가 상을 열 차례 받으시는데 매번 상을 받기 전에 찬품단자를 먼저 올리는 것이다.

 ## 궁중의 주방과 조리인

1. 궁중의 주방

왕, 왕비, 대왕대비, 세자는 궐 내의 대전, 중궁전(왕비전), 대비전, 세자궁의 전각에서 각각 기거하시며 침전에서 수라를 드셨다. 왕족의 수라를 만드는 곳을 수라간 또는 소주방이라고 했는데, 소주방은 화재 염려가 있으므로 침전에서 떨어진 곳에 배치했다. 특히 창덕궁의 수라간은 침전인 대조전과는 상당히 떨어진 곳에 있었다.

궁중의 주방은 안소주방과 밖소주방, 생과방(생물방)으로 나누고 중간 주방으로 퇴선간, 임시 주방으로 주원숙설소가 있었다.

1) 안소주방

안소주방은 평상시의 조석 수라상과 낮것 주식에 따르는 각종 찬품을 만드는 곳이다. 식전의 자리조반, 낮것, 야참 등을 생과방과 협조하여 올린다. 자릿조반으로는 응이, 잣죽, 깨죽, 타락죽 등의 유동식을 차리고, 낮것은 국수를 말은 장국상이나 다과를 내고, 야참은 수정과, 식혜, 과실 등을 낸다.

2) 밖소주방

외소주방은 주로 궁중의 크고 작은 잔치 때의 음식을 장만하는 곳으로 평상시의 일상식을 만드는 안소주방과 대조된다. 궐내의 대소 잔치는 물론 왕족의 탄일에 잔치상을 차리며 차례, 고사 등도 담당한다. 왕자녀의 백일, 탄일에는 백설기를 몇십 시루씩 쪄서 궁내의 각 궁에 돌리고 그 밖에 종친과 외척에게도 골고루 돌리는데, 이 일도 담당했다.

3) 생과방

평상시의 조석 식사인 수라 이외의 후식에 속하는 것, 즉 생과, 숙실과, 조과, 차, 화채, 죽 등을 만든다. 소주방 나인을 도와 조석 수라상을 함께 거행하며 잔치음식의 다과류도 이곳에서 관장한다.

4) 퇴선간

퇴선간은 지밀에 부속되어 중간 부엌 역할을 했던 곳으로 지금의 배선실이다. 수라간에서 올라오는 수라상의 찬물을 받아 배선하고, 제조 상궁이 수라 시간을 알리면 더운 것을 따뜻하게 해 두었다가 침전으로 들여 간다. 멀리 떨어진 안소주방에서 음식을 만들어 운반하므로 음식이 차가워지면 이곳에서 다시 데워 수라상에 올렸다. 수라(밥)는 이곳에서 짓고, 수라상 물림도 이곳에서 처분하며 기타 수라를 드실 때에 쓰이는 기명, 화로, 상 등도 관장한다.

5) 주원숙설소

궁중의 연회 때에 임시로 가가를 지어서 설치한 주방을 주원숙설소, 또는 내숙설소라고 하였다. 그리고 임시로 설치한 주방을 행주방이라 하였다. 그 밖에 민가나 지방 관처에서의 반비간은 반찬을 만드는 곳을 이르며 찬간이라고도 했다. 숙설소에는 숙수가 40~50명 배치되어 잔치 음식을 만들었다.

2. 궁중의 조리인

궁 안에 사는 왕, 왕비, 대왕대비, 세자, 세자빈 등 20여 명 되는 왕족들은 대전, 중궁전 등 독립된 전각에 거주했다. 각 전에는 궁녀와 내시뿐 아니라 잡일을 하는 천민들이 소속되어 상주하거나 밖에 살면서 궁으로 드나들며 일을 했다.

궁궐 내 식생활을 총괄하는 부서는 사옹원이다. 사옹원은 왕족들의 일상식인 수라부터 각종 궁중 연회, 수렵 행사, 온천 나들이, 강무 등에 필요한 음식 준비는 물론 궐내에 수시로 출입하는 종친, 관원, 수비하는 군인들에게 음식을 공급하는 일도 도맡았다. 음식 조리는 관원들의 지시를 받아 조리를 전문으로 하는 이들이 전담하였다.

1) 주방 상궁

주방 나인은 다른 궁녀들과 마찬가지로 열두 살쯤에 입궁하여 윗상궁을 스승처럼 섬기며 여러 가지 견습을 하게 된다. 주방 나인은 처소 나인에 속하며, 평상시에 왕과 왕비의 조석 수라상을 준비한다. 주방 나인들의 복색은 다른 나인과 같이 옥색 저고리에 남색 치마를 입는다. 작업할 때는 소매를 올려 접고 보라색의 홑적삼을 겹쳐 입어 흰 앞치마를 산뜻하게 둘렀다. 관례는 입궁 후 15년이 지나서 치르는 것이 원칙으로 일종의 성년식이며, 결혼식이나 다름없다. 관례 후에 정식 나인이 되며 나인으로서 15년을 보내야 상궁의 봉첩을 받는다. 나인들은 연조와 직분에 따라 종 5품에서 종 9품까지의 지위를 갖는다. 주방 상궁은 대개 40세가 지나서 되는데 이미 이때는 조리경험이 30년 이상이나 되는 전문 조리인이다. 상궁은 궁녀 중 정 5품으로 최고직이고 최하는 네다섯 살의 어린 견습 나인까지 있다. 주방 나인은 대개 열 살 이상부터 시작한다.

조선시대 마지막으로 주방상궁은 한희순(1889~1972년) 상궁이다. 그는 서울 왕십리에서 출생하여 광무 5년(1901) 13세 때 덕수궁에 입궁하여 1907년 경복궁에서 수라 상궁으로 근무하기 시작하였다. 1919년 고종이 승하하자 금곡릉에서 3년상을 받들었다. 1921년에 창덕궁 주방 상궁으로 전보되어 순종을 모시다가 1928년 순종이 승하하자 3년상을 받들었다. 1965년까지 창덕궁 낙선재 윤비전의 수라 상궁으로 근무하다가 윤비가 돌아가시고 3년상을 지낸 후 1968년 사저에 돌아와 지내다가 1972년에 작고했다. 그는 1955년부터 1967년까지 숙명여자대학교 가정학과에서 궁중요리 특별강사로 강의를 했다. 1971년 무형문화재 제38호 조선왕조 궁중음식의 제1대 기능보유자로 지정되었다.

2) 내시

내시부도 사옹원의 업무와 긴밀히 연관되어 있었다. 음식을 만들 재료의 수납뿐 아니라 궐내 음식과 관련된 모든 사항을 감독하는 것이 환관들이었기 때문이다. 『경국대전』에서는 내시부의 업무를 "대내(大內)의 감선(監膳), 전명(傳命), 수문(守門), 소제(掃除) 등의 임무를 관장"하는 것으로 규정하고 있는데, 여기서 대내란 궁궐 전체를 가리키지만 내시의 업무는 국왕과 왕비 그리고 세자를 측근에서 모시는 것이 주 임무이므로 주로 대전, 중궁전, 세자전을 둘러싸고 이루어진다고 할 수 있다.

감선이란 식재료의 품질과 조리한 음식의 정결 상태를 검사하는 일을 말한다. 내시부에서 해당 업무를 담당하는 관원은 종 2품의 상선(尚善), 정 3품의 상온(尚醞), 정 3품의 상다(尚茶)로 내시부에서 가장 높은 위계에 속했다. 내시부의 최고직인 상선(尚善)은 도설리라고도 하며 궁내에서 음식을 올리는 업무를 총괄했다. 설리란 말은 원래 몽골어로 궁궐의 대전과 왕비전 또는 세자궁 등에 배치되어 이런저런 관리 업무를 보는 내시를 가리켰는데, 이들은 각 전에서 사용되는 음식의 감선을 담당했다.

3) 대령숙수

대령숙수는 조선조에 이조에 속한 남자 전문 조리사이다. 궁중의 잔치인 진연이나 진찬 때는 대령숙수들이 음식을 만들었다. 솜씨가 좋은 숙수들은 대부분 대를 이어가며 궁에 머물렀고 왕의 총애도 많이 받았다.

한말에 나라가 망하게 되니 궁중의 숙수들이 시중의 요정(料亭)으로 빠져나가서 일을 하게 되어 자연히 궁중 연회 음식이 일반에도 널리 알려지게 되었다.

4) 차비(差備)

『경국대전』형조(刑曹)에 궐내각차비(闕內各差備)에 관한 규정이 있다. 차비(差備)란 각 궁사(宮司)의 최하위 고용인으로 이들이 궁중식 마련의 실무를 맡는다. 궁궐 내의 문소전, 대전, 왕비전, 세자궁의 네 곳으로 나누어 각 전의 정원이 정해져 있었다.

음식 관련 업무자 중 반감(飯監), 별사옹(別司饔), 상배색(床排色)은 상위 직급에 속한다. 반감은 어선과 진상을 맡아보는 벼슬아치이고, 별사옹(別司饔)은 음식물을 만드는 구실아치, 상배색(床排色)은 음식상을 차리는 구실아치이다. 구슬아치는 각 관아의 벼슬아치 아래에서 일을 보던 사람으로 아전(衙前)이라고도 한다.

하위 직급의 차비는 업무에 따라 직책명이 정해졌다. 적색(炙色), 반공(飯工), 포장(泡匠), 주색(酒色), 다색(茶色), 병공(餅工), 증색(蒸色), 수공(水工), 별감(別監) 등이 있다.

장자색(莊子色)은 음식물을 관리하는 일을 했다.

※ 숙수 및 조리 보조 차비노비들의 업무 분장

	담당자	담당업무
숙수 (반감+색장)	반감(飯監)	조리 지휘
	별사옹(別司饔)	육류 요리
	탕수색(湯水色)	물 끓이기
	상배색(床排色)	상 차리기
	적색(炙色)	생선 요리
	반공(飯工)	밥 짓기
	포장(泡匠)	두부 제조
	주색(酒色)	술 담당
	다색(茶色)	차 담당
	병공(餅工)	떡 제조
	증색(蒸色)	음식 찌기
	수공(水工)	물 긷기
	별감(別監)	잡무

Memo

타락죽

타락(駝酪)이란 우유를 가리키는 옛말이다. 쌀을 갈아서 물 대신에 우유를 반 분량 정도 넣어 끓인 무리죽이다. 우유죽은 아기의 이유식이나 환자의 병인식에 가장 적당하다.

우유가 들어 있어 지나치게 오래 끓이면 단백질이 엉겨서 매끄럽지 않으니 센 불에서 오래 끓이지 않도록 한다.

아주 귀하여 일반 대중은 먹지 못하였으나 조선왕조 때에는 동대문 쪽의 낙산에 목장이 있었다. 타락죽은 반드시 궁중의 내의원에서 쑤어서 보양 음식으로 왕족에게 바쳤다.

재료 & 분량

불린 쌀 1컵, 물 3컵, 우유 3컵, 소금 약간, 설탕 약간

만드는 법

1   불린 쌀은 믹서기에 넣고 곱게 갈아 다시 고운체에 거른다.

2   냄비에 1과 분량의 물을 넣고 끓이며, 멍울이 생기지 않게 나무주걱으로 가끔 저어준다.

3   한번 끓어올라서 흰죽이 거의 어우러지게 쑤어졌으면 우유를 조금씩 넣어 나무 주걱으로 멍울이 지지 않게 풀어서 잠시 더 끓인다. 우유를 조금씩 나누어 넣고, 저어 주면서 끓여야 덩어리가 생기지 않는다.

4   뜨거울 때 그릇에 담고 소금과 설탕을 곁들인다.

적두반은 붉은팥을 삶아 멥쌀과 함께 지은 밥이다. 삶은 팥물을 밥물로 하여 찹쌀밥을 짓기도 하는데, 이를 홍반(紅飯) 또는 중등밥이라 한다. 이 홍반은 임금님의 수라상에 올렸으며, 팥은 넣지 않고 팥물만 넣고 지었다.

재료 & 분량

불린 쌀 1컵, 삶은 팥 1/4컵, 밥물(팥 삶은 물) 1컵

만드는 법

1 냄비에 붉은팥과 데치는 물을 붓고 센 불에 4분 정도 끓여 팥물을 따라 버린다. 다시 팥 삶는 물을 붓고 센 불에 5분 정도 올려 끓으면 중불로 낮추어 10분 정도 팥알이 터지지 않을 정도로 삶아서 체에 밭쳐 팥 삶은 물을 받아 놓는다.

2 냄비에 불린 쌀과 팥 삶은 물, 물을 붓고 센 불에서 끓이다가 중불로 줄여 쌀알이 퍼지도록 끓이다가 약불로 줄여 뜸을 들인다.

3 밥을 주걱으로 고루 섞어 그릇에 담는다.

온반은 밥 위에 따뜻한 육수를 부어서 먹는 탕반류의 일종이다.

닭온반은 닭을 삶아서 살만 발라 가늘게 찢어 양념하고 애호박, 당근, 표고버섯 등 채 썰어 양념하여 볶은 후 밥에 얹어 닭육수를 부어 먹는 음식이다.

재료 & 분량

불린 쌀 1컵, 닭 1/4마리(150g, 뼈 포함), 애호박 1/3개, 당근 50g, 건표고버섯 1개, 소금, 간장, 검은깨

- ❖ **닭살 양념**: 소금 1/2작은술, 참기름 약간
- ❖ **표고버섯 양념**: 간장 1작은술, 설탕 1/2작은술, 다진 파 1/4작은술, 다진 마늘 약간, 참기름 약간, 깨소금 약간, 후추 약간

만드는 법

1 냄비에 불린 쌀 1컵과 물 1컵을 넣고 센 불에서 2분간 끓이다가 뚜껑을 덮고 중불에서 5분간 끓인 다음, 불을 끄고 5분간 뜸을 들인다.

2 냄비에 닭과 물을 붓고 20분간 끓여 닭이 푹 익으면 육수는 면포에 거르고, 닭살은 결대로 곱게 찢어 양념을 한다.

3 당근은 4cm 길이로 채 썰어 팬에 살짝 볶고, 애호박은 돌려 깎은 후 4cm 길이로 채 썰어 팬에 살짝 볶아준다.

4 건표고버섯은 따뜻한 물에 불린 후 곱게 채 썰어 표고버섯 양념을 한 후 팬에 살짝 볶아준다.

5 면포에 거른 육수를 따뜻하게 끓여준 후 소금으로 간하고, 간장으로 약간의 색을 낸다.

6 그릇에 밥을 퍼 담고, 준비한 고명(당근, 표고버섯, 애호박)을 색스럽게 담고, 닭육수를 부어 준다.

7 위에 검은깨를 조금 뿌려 고명으로 얹는다.

규아상은 일명 미만두라고 하며 궁중에서 여름에 먹던 찐만두이다. 소의 재료로는 오이, 표고버섯, 쇠고기를 이용하고 해삼모양처럼 빚는다. 찜통 밑에 담쟁이 잎을 깔고 찌는데, 소의 재료는 모두 익힌 것이므로 잠깐만 쪄도 된다.

규아상

재료 & 분량

밀가루 1컵, 오이 1/2개, 쇠고기 50g, 건표고버섯 1장, 잣 1작은술, 소금, 식용유

✤ **쇠고기, 표고버섯 양념**: 간장 1큰술, 설탕 1/2큰술, 다진 파 1/2작은술, 다진 마늘 1/4작은술, 참기름 1/4작은술, 깨소금 약간, 후추 약간
✤ **초간장**: 간장 2큰술, 식초 1큰술, 설탕 1큰술

만드는 법

1 밀가루에 물과 소금을 넣어 반죽하여 30분 정도 두었다가 밀대로 얇게 펴 민 다음 지름 8cm 크기의 둥근 모양으로 만두피를 만든다.

2 오이는 4cm 길이로 썰고 돌려 깎아서 채 썬 후 소금에 절였다가 기름에 살짝 볶아 낸다.

3 쇠고기는 다지고, 건표고버섯은 불려서 기둥을 제거한 후 얇게 채 썰어 양념장에 양념한 다음 팬에 볶아서 익혀 준비한다.

4 준비한 속 재료인 오이, 쇠고기, 표고버섯, 잣을 합하여 준 후 만두피에 넣고 만두를 해삼모양으로 빚는다.

5 김이 오른 찜통에 담쟁이 잎을 깔고 빚은 만두를 넣고 10분간 쪄서 완성한다.

6 초간장을 곁들여 낸다.

어만두

민어, 숭어 등의 흰살 생선살을 넓게 포를 떠서 만두피로 만들고, 소를 넣어 빚어 찌거나 삶은 음식이다. 어만두는 주식이기보다 생선찜에 속하는 음식으로 여름철에 알맞은 담백한 맛을 내며 교자상이나 주안상의 찬품으로 적합하다.

재료 & 분량

생선살 200g, 쇠고기 50g, 건표고버섯 1장, 목이버섯 1장, 숙주 50g, 오이 1/4개, 소금, 후추, 식용유, 참기름, 녹말가루

✦ **쇠고기, 표고버섯, 목이버섯 양념**: 간장 1큰술, 설탕 1/2큰술, 다진 파 1/2작은술, 다진 마늘 1/4작은술, 참기름 1/4작은술, 깨소금 약간, 후추 약간
✦ **초간장**: 간장 2큰술, 식초 1큰술, 설탕 1큰술
✦ **겨자즙**: 발효겨자 1작은술, 설탕 1큰술, 식초 1큰술, 소금 약간

만드는 법

1   흰살 생선은 폭과 길이가 7cm 정도 되게 얇게 포 뜬 후 소금, 후추를 뿌려 밑간한다.

2   오이는 4cm 길이로 썰고 돌려 깎은 후 채 썰어 소금에 절였다가 기름을 두른 팬에 살짝 볶는다.

3   쇠고기는 곱게 다지고, 건표고버섯과 목이버섯은 불린 다음 얇게 채 썰어 양념장에 양념한 후 팬에 볶아낸다.

4   숙주는 끓는 물에 데친 후 물기를 짜서 송송 썰어 참기름, 소금에 양념하여 준다.

5   준비한 속 재료인 오이, 쇠고기, 표고버섯, 목이버섯, 숙주를 합하여 준다.

6   포를 뜬 생선은 물기를 닦고, 안쪽에 녹말가루를 묻혀 가운데에 속재료를 넣고 말아 준다.

7   김이 오른 찜통에 면포를 깔고, 어만두를 올려 10분간 쪄서 완성한다.

8   그릇에 담고, 초간장과 겨자즙을 함께 낸다.

골동면 (비빔국수)

비빔면은 삶은 국수를 장국에 마는 것이 아니라 간장 양념장으로 고루 비벼서 먹는 국수이다. 예전에는 간장으로 양념장을 만들어 비볐으나 요즘은 고추장 양념으로 맵게 하는 것이 더 일반화되었다. 비빔국수는 비벼서 오래 두면 맛이 떨어지므로 먹을 시간에 맞추어 국수를 삶아서 바로 만들어야 한다.

재료 & 분량

소면 80g, 쇠고기 50g, 건표고버섯 1장, 오이 1/4개, 달걀 1개, 실고추 약간, 소금, 식용유

✤ **쇠고기, 표고버섯** : 간장 1큰술, 설탕 1/2큰술, 다진 파 1/2작은술, 다진 마늘 1/4 작은술, 참기름 1/4작은술, 깨소금 약간, 후추 약간

✤ **국수 비빔장**: 간장 2큰술, 설탕 1큰술, 참기름 1큰술

만드는 법

1   달걀은 황, 백으로 나누어 지단을 부쳐서 길이 4cm로 얇게 채 썬다.

2   오이는 길이로 반 갈라서 어슷하게 썰어 소금에 절인 후 물기를 짠 다음 팬에 기름을 두르고 살짝 볶아 낸다.

3   쇠고기는 다지고, 건표고버섯은 불려서 기둥을 제거하고 채 썰어 양념장에 양념한 후 팬에 각각 볶아낸다.

4   끓는 물에 소면을 넣고 삶아낸 후 찬물에 여러 번 헹궈서 전분기와 물기를 제거한 후 국수 비빔장으로 양념하여 준비한다.

5   그릇에 국수를 담고 위쪽으로 준비한 오이, 쇠고기, 표고버섯, 지단, 실고추를 올려 완성한다.

신선로 (열구자탕)

여러 가지 어육과 채소를 색깔 맞추어 담고 육수를 부어 끓이면서 먹는 음식으로 궁중음식 중에서 대표적인 음식으로 꼽을 수 있다.

조선 말에는 '입을 즐겁게 하는 탕'이라는 열구자탕으로 불렸다. 궁중의 잔치기록에는 모두 열구자탕이라 적혀 있으며, 작은 글씨로 신선로 또는 '새로 만든 화로'라는 뜻으로 신설로라는 그릇 이름이 따로 적혀 있다.

재료 & 분량

쇠고기(양지, 국물용) 100g, 무 50g, 당근 50g, 쇠고기(우둔살) 50g, 두부 30g, 석이버섯 3장, 달걀 4개, 미나리 30g, 흰살 생선(전감) 50g, 처녑 50g, 건표고버섯 2장, 홍고추 1개, 호두 5개, 은행 5개, 소금, 식용유, 밀가루

✤ **쇠고기 양념장**: 다진 파 1/2작은술, 다진 마늘 1/4작은술, 참기름, 깨소금, 후추

✤ **쇠고기, 표고버섯** : 간장 1큰술, 설탕 1/2큰술, 다진 파 1/2작은술, 다진 마늘 1/4작은술, 참기름 1/4작은술, 깨소금 약간, 후추 약간

✤ **완자 양념**: 소금 약간, 다진 파 1/2작은술, 다진 마늘 약간 1/4작은술, 참기름, 깨소금, 후추

만드는 법

1   냄비에 물을 붓고 쇠고기(양지), 무, 당근을 넣고 충분히 끓여 육수를 준비한다.

2   쇠고기(우둔살)의 반은 얇게 썰어 고기 양념장으로 무치고, 반은 다져서 으깬 두부와 합하여 완자 양념을 한 후 지름 2cm 크기로 동그랗게 완자를 빚은 후 밀가루, 달걀을 입혀 팬에 굴려가며 익힌다.

3   석이버섯은 불려서 깨끗이 씻은 후 다져서 달걀흰자에 넣고 검은색 지단을 부쳐 길이 4cm, 폭 2cm 크기로 썬다. 달걀 1개는 황, 백으로 나누어 각각 지단을 부쳐 길이 4cm, 폭 2cm 크기로 썬다.

4   미나리는 잎을 떼고 줄기만 꼬치에 꿰어 밀가루, 달걀을 입힌 후 팬에 지지고, 길이 4cm, 폭 2cm 크기로 썬다. 홍고추도 길이 4cm, 폭 2cm 크기로 썬다.

5 흰살 생선은 전감으로 얇게 포를 떠서 준비해 소금, 후추를 뿌려 밑간한 후 달걀, 밀가루를 입혀 기름에 지진 다음 길이 4cm, 폭 2cm 크기로 썬다.

6 처녑은 한 장씩 떼어서 소금을 뿌려 주물러 씻어 잔 칼집을 고루 넣어 후추를 뿌린다. 이것을 밀가루를 묻힌 후 풀어 놓은 달걀에 담갔다가 뜨겁게 달군 번철에 식용유를 두르고 양면을 노릇하게 지진다.

7 표고버섯은 불린 후 길이 4cm, 폭 2cm 크기로 썰어 양념하여 준비하고, 호두는 뜨거운 물에 담가 속껍질을 제거한다. 은행은 기름을 두른 팬에 볶아 속껍질을 제거한다.

8 1의 고기는 납작하게 썰어 신선로 틀 바닥에 깔고, 육수는 소창에 한 번 걸러주고, 당근과 무는 길이 4cm, 폭 2cm 크기로 썬다.

9 신선로 틀에 검은 지단, 황백지단, 당근, 무, 흰살 생선전, 처녑전, 미나리 초대, 표고버섯, 홍고추 등을 색스럽게 돌려 담고, 육수를 부은 다음 소금, 간장으로 간하여 끓인다.

참깨를 불려 겉껍질은 벗겨 내고 볶아서 곱게 갈아 체에 밭친 깻국물에 영계를 삶은 육수를 섞고 닭살을 말아 차게 먹는 음식이다. '임자(荏子)'는 참깨를 일컫는 말로서 '깻국탕'이라고도 하는데 여름철에 즐겨 먹는 보양식이다.

임자수탕 (깨국탕)

재료 & 분량

닭 1/4마리(250g), 파 1뿌리, 마늘 2개, 생강 1개, 흰깨 1/4컵, 쇠고기 50g, 두부 20g, 달걀 2개, 미나리 50g, 오이 1/2개, 건표고버섯 1개, 홍고추 1/2개, 밀가루, 식용유, 녹말가루

- **완자 양념**: 소금 1/2작은술, 설탕 약간, 다진 파 약간, 다진 마늘 약간, 깨소금 약간, 참기름 약간, 후추 약간
- **닭살 양념**: 소금 약간, 후추 약간

만드는 법

1. 닭은 내장과 기름을 떼어내고 깨끗이 씻어 물과 생강, 통마늘, 대파를 넣고 충분히 삶아 익힌다.

2. 닭이 익으면 살은 찢어서 닭살 양념하여 준비하고, 육수는 소창에 한 번 걸러 준다.

3. 흰깨는 물에 불려 거피하여 볶아 닭육수를 조금씩 부으면서 곱게 갈아 체에 밭쳐 소금, 후추로 간한다.

4. 쇠고기는 곱게 다져 두부와 합쳐서 완자 양념을 하고, 지름 1cm의 완자로 빚어 밀가루, 달걀을 입혀 팬에 굴려가면서 익힌다.

5. 미나리는 8cm 길이로 잘라서 꼬챙이에 여러 개 꽂은 후 밀가루, 달걀을 입히고 지져 길이 4cm, 폭 2cm로 잘라 미나리 초대를 만든다.

6. 달걀은 황, 백으로 나누어 지단을 부친 후 길이 4cm, 폭 2cm로 자른다.

7. 건표고버섯은 뜨거운 물에 불린다.

8. 오이, 건표고버섯, 홍고추는 길이 4cm, 폭 2cm로 썰어준 후 녹말가루를 입혀 끓는 물에 데쳐서 찬물에 헹구어 준다.

9. 닭육수와 깨국물을 합친 후 차게 식혀준다.

10. 그릇에 닭고기, 오이, 표고버섯, 홍고추, 미나리 초대, 완자 등을 담아 준 후 9의 국물을 부어 낸다.

게감정

게살에 쇠고기와 채소 등을 넣고 양념하여 게 등딱지에 채우고 지져서 고추장으로 양념하여 끓인 찌개이다. 꽃게는 봄에 가장 맛이 좋으며, 게감정은 옛날 봄철 임금님의 수라상에 빠지지 않고 올렸던 고추장 찌개로 담백한 게살과 얼큰한 국물 맛이 특징이다.

감정이란 궁중에서 고추장 찌개를 이르는 말이다.

재료 & 분량

꽃게 2마리, 물 4컵, 생강 1개, 고추장 2큰술, 된장 1큰술, 쇠고기(다짐육) 50g, 두부 50g, 숙주 50g, 무 100g, 풋고추 1개, 홍고추 1개, 대파 1/2개, 달걀 1개, 쑥갓 1줄기, 밀가루, 식용유, 소금

✤ **소 양념**: 소금 1/4작은술, 다진 파 1/2작은술, 다진 마늘 1/4작은술, 참기름 1/4작은술, 후추 약간

만드는 법

1 꽃게는 솔로 깨끗이 씻어 다리를 자르고, 게 등딱지는 떼어내고 게 몸통에서 살을 긁어내어 준다.

2 냄비에 물을 넣고 꽃게 다리, 넓적하게 썬 무, 생강을 넣고 끓이다가 고추장, 된장을 잘 풀어준 후 소금을 넣고 간한다.

3 숙주는 데쳐서 송송 썰어주고, 대파와 풋고추, 홍고추는 어슷 썰어 준비한다.

4 다진 쇠고기와 으깬 두부는 핏물과 수분기를 소창에 쌓아서 제거해준다.

5 1에서 발라낸 게 몸통살에 다진 쇠고기, 으깬 두부, 숙주를 넣고 소 양념으로 양념한 후 게딱지 안에 밀가루를 살살 발라서 안쪽에 소를 채운다.

6 채운 소 위로 밀가루, 달걀 순서로 입혀 기름을 두른 팬에 달걀이 익을 때까지 지져낸다.

7 2의 끓인 육수에서 꽃게 다리를 건져내고, 준비한 6의 게를 넣고 끓이다가 마지막에 대파, 홍고추, 풋고추를 넣고 끓여 완성한다.

8 그릇에 게감정과 국물을 내고 쑥갓을 올린다.

도미면

도미의 포를 떠서 전을 부쳐 넣고 고기와 채소, 당면을 어울리게 담은 후 육수를 부어 끓이면서 먹는 음식이다. 도미면은 도미의 가시를 따로 발라 낼 필요도 없고 생선살과 갖가지 재료를 고루 먹도록 만든 음식으로 화려하고 맛이 좋아서 『규합총서(1809년)』에는 "춤과 노래보다 낫다"고 하여 "승기악탕"이라고 하였다.

재료 & 분량

도미 1마리, 쇠고기(양지) 100g, 쇠고기(다짐육) 50g, 두부 30g, 달걀 5개, 석이버섯 3장, 건표고버섯 2장, 홍고추 1개, 미나리 50g, 당면 50g, 호두 5개, 은행 5개, 밀가루, 식용유, 소금, 후추, 국간장, 물, 불린 당면 50g, 쑥갓 2줄기

❖ **삶은 양지, 표고버섯 양념**: 국간장 1작은술, 다진 마늘 1/2작은술, 참기름 1/2작은술, 후추 약간

❖ **완자 양념**: 소금 1/4작은술, 다진 파 1/2작은술, 다진 마늘 1/4작은술, 참기름 1/4작은술, 후추 약간

만드는 법

1   도미는 비늘을 긁고 지느러미를 잘라, 내장을 빼내고 깨끗이 씻은 후 머리, 꼬리를 남긴 채 전감으로 살을 양쪽으로 얇게 포를 뜬다. 소금, 후추 뿌려 10분 정도 두었다가 면포에 물기를 제거한다.

2   냄비에 물을 붓고 쇠고기 양지를 넣어 푹 끓여준 후 고기는 건져서 납작하게 썰고, 육수를 소창에 한 번 걸러준 후 소금, 국간장으로 간하여 준비한다.

3   석이버섯은 불려서 깨끗이 씻은 후 다져서 달걀흰자에 넣고 검은색 지단을 부쳐 길이 4cm, 폭 2cm 크기로 썬다. 달걀 1개는 황, 백으로 나누어 지단을 부친 후 길이 4cm, 폭 2cm 크기로 썬다.

4   미나리는 잎을 떼고 줄기만 꼬치에 꿰어 밀가루, 달걀을 입힌 후 팬에 지지고, 길이 4cm, 폭 2cm 크기로 썬다. 홍고추도 길이 4cm, 폭 2cm 크기로 썬다.

5   건표고버섯은 불린 후 길이 4cm, 폭 2cm 크기로 썰어 양념하여 준비하고, 호두는 뜨거운 물에 담가 속껍질을 제거한다. 은행은 기름을 두른 팬에 볶아 속껍질을 제거한다.

6 생선은 밀가루, 달걀을 입혀 전을 지지고, 쇠고기(다짐육)에 으깬 두부를 합하여 완자양념을 한다. 지름 2cm로 완자를 빚은 후 기름을 두른 팬에 밀가루, 달걀을 입혀 굴려가며 익힌다.

7 당면은 뜨거운 물에 불려서 준비한다.

8 전골냄비에 도미 뼈를 놓고 그 위에 미나리 초대, 검은 지단, 황백지단, 표고버섯, 고기, 홍고추, 양지를 색스럽게 돌려 담고, 생선전을 올려준다.

9 위에 고명으로 호두와 은행을 올려주고, 옆쪽으로 당면을 놓아준다.

10 여기에 2를 붓고 한소끔 끓여주다가 쑥갓을 넣고 불을 끄고 완성한다.

Story 2

86

갈비찜 (가리찜)

한국 음식에서는 재료를 국물과 함께 끓여서 익히는 조리법과 증기로 쪄서 익히는 조리법을 모두 찜이라 부른다. 끓이는 찜은 쇠갈비, 쇠꼬리, 사태, 돼지갈비 등의 육류를 주재료로 하여 약한 불에 서서히 오래 익혀서 연하게 조리한다.

갈비는 지방을 제거하고 양념에 재워 고기를 부드럽게 한 후 표고버섯, 무, 당근 등 다양한 채소를 함께 넣고 조리하여 맛을 한껏 낸다.

재료 & 분량

쇠갈비 400g, 무 50g, 당근 50g, 밤 5개, 건표고버섯 2개, 대추 5개, 은행 5개, 잣 조금, 달걀 1개, 물 4컵, 식용유

❖ **쇠갈비 양념**: 육수 2컵, 간장 4큰술, 설탕 2큰술, 다진 파 1큰술, 다진 마늘 1/2큰술, 참기름 1/2큰술, 깨소금 약간, 후추 약간

만드는 법

1 쇠갈비는 5cm 길이로 토막 내어 기름기를 제거하고 찬물에 1시간 정도 담가 핏물을 제거한다.

2 큰 냄비에 쇠갈비와 물 4컵을 붓고 30분간 푹 무르게 삶아 주고, 육수는 면포에 걸러준다.

3 무와 당근은 4cm 크기로 토막 내어 모서리를 다듬은 후 끓는 물에 삶는다. 건표고버섯은 뜨거운 물에 불려 2등분하여 썰어준다.

4 밤은 껍질을 벗기고, 대추는 씨를 뺀다.

5 은행은 팬에 식용유를 두르고 살짝 볶아 속껍질을 제거한다.

6 달걀은 황, 백으로 나누어 황백지단을 부친 후 마름모 모양으로 썰어준다.

7 냄비에 쇠갈비 양념장과 쇠갈비, 무, 당근, 밤, 대추를 넣고 약불에서 은근히 20분간 끓여준다.

8 다 익은 쇠갈비와 재료들을 그릇에 담고 위에 양념장을 끼얹어 윤기 나게 조린다.

9 그릇에 쇠갈비와 양념장을 담은 후 위에 황백지단, 은행, 잣을 고명으로 올려 완성한다.

연저육찜

조선시대 궁중에서 국가적인 행사인 의례가 있을 때 올리던 음식으로 삼겹살이 아닌 연한 새끼 돼지 고기를 은근하게 쪄서 간장 양념한 음식이다. 하지만 새끼 돼지는 쉽게 구할 수 없는 식재료이므로 주변에서 흔히 먹는 삼겹살을 이용해서 만든다.

재료 & 분량

돼지고기(통삼겹살) 200g, 대파 1뿌리, 마늘 3개, 생강 1개, 건고추 1개, 식용유, 은행 5개, 대추 5개, 호두 20g, 아몬드 20g, 잣 10g

✤ **찜 양념장**: 물 1컵, 간장 4큰술, 설탕 2큰술, 다진 파 1작은술, 다진 마늘 1/2작은술, 참기름 1/2작은술, 깨소금 조금, 후추 조금

만드는 법

1   돼지고기는 찬물에 10분간 담가 핏물을 뺀 뒤 건져서 대파, 마늘, 생강을 넣고 끓는 물에 30분간 삶는다.

2   은행은 팬에 식용유를 약간 넣고 볶아서 속껍질을 제거하고, 호두는 따뜻한 물에 담가서 꼬챙이를 사용하여 속껍질을 제거한다.

3   팬에 식용유를 두르고 건고추, 마늘, 생강을 넣어 볶아 향을 낸 후 삶은 돼지고기를 넣고 표면이 갈색이 나게 고루 지져준다.

4   냄비에 찜양념을 넣고 **3**의 돼지고기를 넣은 후 20분간 조려 낸다.

5   고기를 썰어 접시에 담고, 은행, 대추, 호두, 아몬드, 잣을 올려 낸다.

대하잣집무침

큰 새우를 쪄서 잣가루로 만든 즙에 버무린 독특한 맛의 조선시대 궁중음식이다.

잣가루는 예전에는 도마에 한지를 깔고 칼로 다졌으나, 요즈음은 키친타월을 깔고 밀대로 밀어서 기름기를 제거한 후 사용한다.

재료 & 분량

대하 4마리, 쇠고기(우둔) 50g, 오이 1/2개, 삶은 죽순 50g, 식용유, 생강, 대파, 소금

✤ **잣집 양념**: 잣 4큰술, 육수 2큰술, 소금 1/2작은술, 참기름 2작은술, 후추 약간

만드는 법

1 오이는 반으로 어슷하게 갈라 썰어서 소금에 절여다가 물기를 꼭 차고 팬에 기름을 두르고 살짝 볶아둔다.

2 삶은 죽순은 얇게 편으로 썰어서 팬에 기름을 두르고 살짝 볶아 둔다.

3 쇠고기(우둔)는 물에 생강, 대파와 함께 넣고 푹 삶아서 다 익으면 건져서 편으로 썬다.

4 대하는 껍질, 내장을 제거하고 찜통에 생강, 대파를 함께 넣어 쪄낸다. 다 익으면 어슷하게 썬다.

5 도마에 키친타월을 깔고 잣을 올려놓고 밀대로 밀어서 기름기를 제거한 잣가루를 만든다.

6 5에 육수, 소금, 참기름, 후추를 넣고 잣집 양념을 준비한다.

7 잣집에 준비한 쇠고기(우둔), 대하, 죽순, 오이를 넣고 버무려 무쳐서 완성한다.

초는 원래 '볶는다'는 뜻이지만 우리의 조리법에서는 조림처럼 요리하다가 나중에 녹말을 풀어 넣어 국물이 엉기게 한다. 대체로 간은 세지 않고 달게 한다. 그중 전복초는 생전복을 얇게 저며서 간장에 달게 조린 찬으로 맛이 훌륭하다.

전복초

재료 & 분량

생전복 6개, 통마늘, 생강, 은행 5개, 식용유, 잣가루 1작은술

✤ **조림장**: 물 1/2컵, 간장 2큰술, 설탕 1큰술, 참기름 1작은술, 다진 파 1작은술, 다진 마늘 1/2작은술, 깨소금, 후추 약간
✤ **녹말물**: 녹말가루 1큰술, 물 1큰술

만드는 법

1 생전복은 끓는 물에 넣어 1분간 데친 후 숟가락으로 껍데기에서 살을 분리하고 내장을 떼어낸다. 손질한 전복을 씻어서 한 면에 0.5cm 간격으로 가로, 세로로 잔 칼집을 넣는다.

2 마늘과 생강은 얇게 저며 썰고, 은행은 기름을 두른 팬에 살짝 볶아 속껍질을 제거한다.

3 냄비에 조림장, 전복, 생강, 마늘을 넣고 국물을 끼얹어 가며 약불에서 서서히 조린다.

4 여기에 녹말물을 넣어 윤기 나게 한다.

5 그릇에 보기 좋게 전복을 담고, 위에 잣가루를 뿌려 완성한다.

너비아니

너비아니는 고기를 너붓너붓 썰엇다고 하여 붙여진 이름으로 쇠고기의 연하고 맛있는 부위인 등심 또는 안심을 얇게 저며서 간장으로 간을 하여 굽는 음식으로 요즘은 불고기라 흔히 말한다.

너비아니는 『시의전서』에 최초로 기록되었으며, 『조선무쌍신식요리제법』에도 소개되었다.

재료 & 분량

쇠고기(등심) 200g

❖ **너비아니 양념**: 간장 2큰술, 설탕 1큰술, 배즙 1큰술, 다진 파 1작은술, 다진 마늘 1/2작은술, 참기름 1작은술, 깨소금 약간, 후추 약간

만드는 법

1   쇠고기는 등심이나 안심의 연한 부위를 0.5cm 정도의 두께로 썰어 잔 칼집을 넣어 연하게 한다.

2   고기를 굽기 30분 전에 미리 너비아니 양념장에 넣어 간이 고루 배게 한다.

3   뜨겁게 달군 석쇠에 얹어서 양면을 고루 익혀 더울 때 바로 먹도록 한다.

4   숯불에 석쇠를 얹어서 직화로 굽는 방법이 번철에 굽는 것보다 훨씬 맛이 있다.

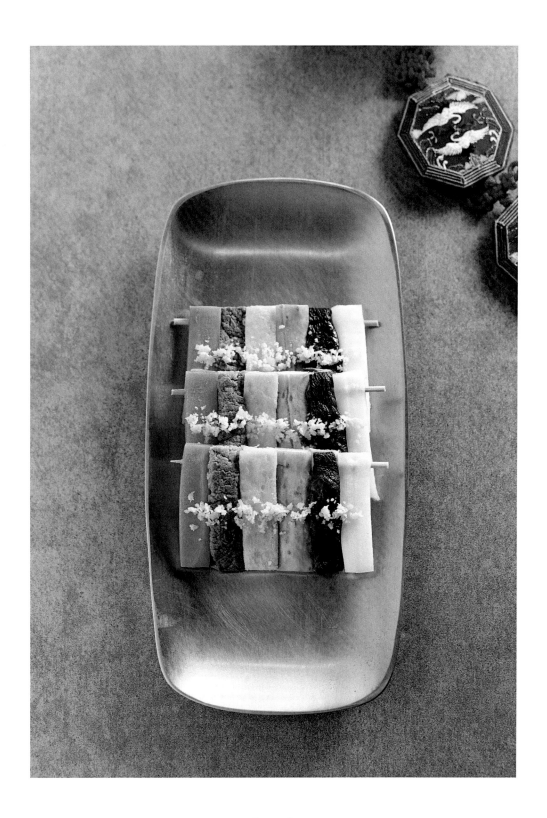

화양적

화양적은 쇠고기와 도라지, 표고버섯, 달걀 등 오색의 재료를 익혀서 꼬치에 판판하게 꿴 누름적으로 궁중 연회상의 고임에 쓰였다.
궁중의궤에 나온 화양적의 재료로는 쇠고기뿐만 아니라 돼지고기도 사용되었으며, 꿩, 닭, 오리, 등골, 양 등의 내장과 숭어, 전복, 해삼, 낙지 등 해산물과 석이버섯, 동아 등의 다양한 식재료가 두루 사용되었다.

재료 & 분량

쇠고기(우둔) 100g, 건표고버섯(큰 것) 2장, 통도라지 2개, 당근 80g, 오이 1/2개, 달걀 3개, 소금, 식용유, 꼬치

❖ **쇠고기, 표고버섯 양념**: 간장 1큰술, 설탕 1/2큰술, 다진 파 1작은술, 다진 마늘 1/2 작은술, 참기름 1작은술, 후추 조금, 깨소금 조금
❖ **초간장**: 간장 2큰술, 식초 1큰술, 설탕 1큰술

만드는 법

1 쇠고기는 길이 7cm, 폭 0.8cm로 썰고 잔 칼집을 넣어 쇠고기 양념장에 양념하여 팬에 지져 익힌다.

2 건표고버섯은 큰 것으로 골라 길이 6cm, 폭 0.8cm로 썰어서 표고버섯 양념장에 양념한 후 팬에 익혀 낸다.

3 당근과 통도라지는 길이 6cm, 폭 0.8cm로 썰어서 끓는 물에 데친다.

4 오이는 길이 6cm, 폭 0.8cm로 썰어서 소금물에 절였다가 물기를 빼둔다.

5 달걀은 황, 백으로 나누어 두껍게 황백지단을 부쳐 길이 6cm, 폭 0.8cm로 썰어 준다.

6 팬에 기름을 살짝 두르고 당근, 도라지, 오이를 살짝 볶아낸다.

7 준비한 재료들을 색 맞추어 늘어놓고(쇠고기, 도라지, 당근, 오이, 황백지단, 표고버섯 순서) 가는 꼬챙이로 가운데를 꿰어 같은 길이가 되도록 양 끝을 다듬는다.

8 접시에 화양적을 보기 좋게 담는다.

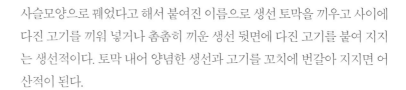

사슬모양으로 꿰었다고 해서 붙여진 이름으로 생선 토막을 끼우고 사이에 다진 고기를 끼워 넣거나 촘촘히 끼운 생선 뒷면에 다진 고기를 붙여 지지는 생선적이다. 토막 내어 양념한 생선과 고기를 꼬치에 번갈아 지지면 어산적이 된다.

사슬적

재료 & 분량

흰살 생선(민어, 동태, 대구) 200g, 쇠고기(다짐육) 100g, 두부 30g, 식용유, 꼬치, 소금, 흰후추, 잣가루

- **고기 양념**: 소금 1/4작은술, 다진 파 1/2작은술, 다진 마늘 1/4작은술, 참기름 1/4작은술, 후추 약간
- **초간장**: 간장 2큰술, 식초 1큰술, 설탕 1큰술

만드는 법

1   흰살 생선은 동태살로 준비하여 길이 6cm, 폭 1cm 크기로 썰어 수분기를 제거한 후 소금, 흰후추로 밑간한다.

2   쇠고기 다짐육에 두부를 으깨어 넣고 합쳐서 면포에 꼭 짜서 수분기를 제거한 후 고기 양념을 하여 길이 6cm, 폭 1cm 크기로 모양을 만든다.

3   꼬치에 생선, 고기를 번갈아 끼워준 후 팬에 식용유를 두르고 양면을 지져 완성한다.

4   접시에 사슬적을 담고, 위에 잣가루를 뿌린다.

5   초간장을 곁들여 낸다.

예부터 새우는 껍질을 벗기고 익히면 붉은색이 선명하고 독특한 감칠맛이 있어 귀한 전으로 친다. 둘로 쪼개어 펴서 밀가루를 묻히고 달걀을 씌워서 번철에 기름을 넉넉히 두른 다음 지져낸다.

새우전

재료 & 분량

새우 4마리, 달걀 1개, 소금, 후추, 밀가루, 식용유

✦ **초간장**: 간장 2큰술, 식초 1큰술, 설탕 1큰술

만드는 법

1   새우는 껍질째로 깨끗이 씻어 등쪽의 내장을 꼬챙이로 제거하고, 머리를 떼어내고 꼬리를 남기고 껍질을 벗겨서 배쪽에 칼집을 넣어 넓게 편다.

2   새우에 소금, 후추를 뿌리고 밀가루를 묻히는데 꼬리 쪽은 묻지 않도록 한다.

3   새우 꼬리를 잡고 잘 풀어 놓은 달걀에 담갔다가 뜨겁게 달군 팬에 기름을 두르고 지진다.

4   접시에 새우전을 내고 초간장을 곁들인다.

4월 말에서 5월 초 봄에 나는 햇죽순을 삶아서 쇠고기와 채소를 한데 넣어 무친 산뜻한 채소 음식이다. 생죽순은 아린 맛이 많아 냉수에 우린 후에 사용한다.

죽순채

재료 & 분량

죽순(통조림) 200g, 쇠고기(우둔) 50g, 건표고버섯 1장, 미나리 50g, 숙주 50g, 홍고추 1개, 달걀 1개

✤ **쇠고기, 표고버섯** : 간장 1/2큰술, 설탕 1/4큰술, 다진 파 1/2작은술, 다진 마늘 1/4작은술, 참기름 1/4작은술, 깨소금 약간, 후추 약간

✤ **전체 양념**: 간장 2큰술, 식초 1큰술, 설탕 1큰술

만드는 법

1 죽순은 끓는 물에 삶아서 건진 후 반 갈라서 빗살 모양으로 납작하게 썰어 둔다.

2 쇠고기는 채 썰고, 건표고버섯은 불려서 채 썬 후 양념하여, 각각 팬에 볶아 식혀둔다.

3 미나리는 끓는 물에 데쳐서 4cm 길이로 썰고, 숙주는 머리, 꼬리를 떼고 끓는 물에 데쳐서 준비한다.

4 홍고추는 4cm 길이로 채 썰고, 달걀은 황백지단을 부쳐서 4cm 길이로 채 썰어 준비한다.

5 전체 양념을 만들어 준비한 죽순, 쇠고기, 표고버섯, 미나리, 숙주, 홍고추를 넣고 버무려 완성하여 접시에 내고 황백지단 고명을 얹어 준다.

월과는 박과 채소로서 오이과 호박의 중간쯤 되는 채소이지만 지금은 존재하지 않아 월과 대신 애호박으로 만든 나물요리이다.
어슷하게 썬 애호박에 각종 버섯을 넣고, 찹쌀 전병을 넣어 5대 영양소가 모두 어우러진 음식이다.

월과채

재료 & 분량

애호박 1/2개, 느타리버섯 50g, 쇠고기 50g, 건표고버섯 2장, 홍고추 1개, 찹쌀가루 1/2컵, 달걀 1개, 식용유, 소금, 참기름

✤ **쇠고기, 표고버섯 양념** : 간장 1/2큰술, 설탕 1/4큰술, 다진 파 1/2작은술, 다진 마늘 1/4작은술, 참기름 1/4작은술, 깨소금 약간, 후추 약간

만드는 법

1 애호박은 길이로 반 썬 후 안쪽의 씨를 도려내고 눈썹모양으로 썰어 소금에 절여서 팬에 기름을 두르고 살짝 볶아낸다.

2 느타리버섯은 끓는 물에 데쳐서 곱게 찢은 후 소금, 참기름 양념하고, 홍고추는 4cm 길이로 채 썬다.

3 쇠고기는 다지고, 건표고버섯은 뜨거운 물에 불려서 채 썰어 각각 양념한 후 팬에 볶아낸다.

4 찹쌀가루에 끓는 물을 넣고 익반죽하여 지름 2cm 크기로 납작하게 빚은 후 기름을 두른 팬에 지져서 찹쌀전병을 만든다.

5 달걀은 흰자와 노른자를 나누어 황백지단을 부친 후 길이 4cm로 곱게 채 썰어 준비한다.

6 준비한 재료 쇠고기, 표고버섯, 느타리버섯, 홍고추, 찹쌀전병을 섞어서 완성한 후 접시에 낸다.

구절판

구절판은 아홉 칸으로 나뉘어 있는 목기로 옻칠을 하거나 자개를 박은 화려한 그릇의 명칭이다. 가운데에 밀전병을 담고 가장자리 칸에는 쇠고기, 채소, 지단 등을 담아서 골고루 싸서 먹는 음식으로 색이 화려하고 맛이 산뜻하여 교자상이나 주안상의 전채음식으로 적합하다.

재료 & 분량

쇠고기(우둔) 100g, 건표고버섯 3장, 오이 1개, 당근 100g, 석이버섯 5장, 달걀 3개, 숙주 100g, 밀가루, 소금, 참기름, 식용유, 물

❖ **쇠고기, 표고버섯 양념** : 간장 1/2큰술, 설탕 1/4큰술, 다진 파 1/2작은술, 다진 마늘 1/4작은술, 참기름 1/4작은술, 깨소금 약간, 후추 약간

❖ **겨자장**: 발효겨자 1큰술, 설탕 3큰술, 식초 3큰술, 소금 약간

만드는 법

1   쇠고기는 가늘게 채 썰고, 표고버섯은 뜨거운 물에 불려서 곱게 채 썰어 각각 양념한 후 팬에 볶아 낸다.

2   오이는 깨끗이 씻어서 4cm 길이로 토막내고 얇게 돌려 깎아 가늘게 채 썬다. 손질한 오이는 소금에 절여서 물기를 꼭 짠 후 팬에 기름을 두르고 살짝 볶아낸다.

3   숙주는 머리, 꼬리를 떼고 끓는 물에 데친 후 소금, 참기름으로 양념한다.

4   달걀은 황백으로 나누어 지단을 부친 후 4cm 길이로 채 썬다. 석이버섯은 뜨거운 물에 불리고 채 썬 다음, 팬에 참기름을 두르고 살짝 볶은 후 소금으로 간한다.

5   당근은 4cm 길이로 채 썰어 기름을 두른 팬에 살짝 볶아내고 소금으로 간한다.

6   밀가루 6큰술에 물 7큰술, 소금 약간을 넣고 반죽하여 체에 거른 후 기름을 두른 팬에 지름 8cm 크기로 밀전병을 얇게 부친다. 밀전병을 뒤집어서 뒷면도 살짝 익힌 후 여러 장을 겹쳐서 구절판의 가운데에 놓는다.

7   구절판에 준비한 재료를 색스럽게 돌려 담고, 가운데 밀전병을 놓고 완성한다.

8   겨자장을 곁들여 낸다.

9   밀전병에 위의 여러 재료를 놓고 겨자장을 넣어 싸서 먹는다.

장김치

무와 배추를 네모지고 도톰하게 썰어서 간장에 절여서 여러 가지 양념과 배, 밤, 잣과 석이버섯, 표고버섯 등을 함께 간장으로 익힌 국물김치로 겨울철에 특히 맛이 있다. 유일하게 간장으로 간을 하는 김치로, 조선조 궁중에서 전해졌다.

재료 & 분량

배추속대 200g, 무 100g, 배 1/4개, 밤 2개, 잣 1작은술, 미나리 30g, 갓 30g, 석이버섯 1장, 건표고버섯 1장, 실고추 약간, 실파 1줄기, 마늘 1쪽, 생강 1개, 소금

❖ **김치 양념**: 물 2컵, 간장 4큰술, 설탕 1큰술

만드는 법

1   배추속대, 무는 가로세로 3cm 크기로 썰어 간장에 절인다.

2   배는 가로세로 3cm 크기로 썰고, 밤은 껍질을 제거하고 어슷하게 썰고, 미나리와 갓, 실파는 3cm 길이로 썰어 준비한다.

3   마늘, 생강은 채 썰어 준비하고, 실고추는 2cm 길이로 잘라 놓는다.

4   석이버섯과 건표고버섯은 뜨거운 물에 불려 곱게 채 썰어 준비한다.

5   김치 양념을 준비하여 손질한 재료들을 넣고 버무려 준다.

6   고명으로 실고추, 잣을 올려 완성한다.

현대적 감각으로
재해석한

한국 음식

향토음식

鄕土飮食

Story 3 향토음식

鄕土飮食

우리나라는 지리적으로 유라시아 극동에 있는 국가로서 예부터 농경문화와 불교, 조리가공 등 생활 문화가 발달했다. 특히 고대 고조선 시기의 만주지역 일대는 콩의 원산지로 장류를 비롯한 발효음식의 가공기술과 식품저장 방법이 발달했다.

위치의 특성으로 삼면이 바다로 둘러싸여 있어 어패류(건어물) 또한 주요 식량원이 되었다. 서해안에 발달한 염전에서는 질 좋은 소금을 생산할 수 있었다. 이로 인해 해산물을 이용한 젓갈류를 저장하는 방법이 발달했다. 내륙지역은 전 국토가 70% 이상 임야로 구성되어, 지역마다 특화된 잡곡 및 채소류의 생산으로 다양한 조리법이 발달했다.

기후적으로는 온대성 기후로 사계절의 변화가 뚜렷하고 특히 7~8월의 고온다습한 기후는 벼농사에 적합하여, 이와 관련된 농업 중심의 식생활인 반상 차림과 함께 계절음식인 시식(侍食)과 절기음식인 절식(節食)이 발달하는 계기가 되었다.

종교적으로는 씨족사회의 형태로 공동체적인 집단생활을 통한 제천행사가 번성했고 삼국시대부터 불교를 수용함으로써 음다(飮茶)의 풍습과 병과류 제조기술이 발달했다. 조선시대는 유교의 영향으로 관혼상제(冠婚喪祭)에 의한 의례(儀禮)용 음식과 음청류가 발달했다.

이처럼 지형적, 기후적, 종교적 음식문화 외에 우리나라 지역의 음식 문화를 세부적으로 살펴보면 한반도의 동북 지역은 산간지대, 서남 지역은 평야지대로 나뉘며 지방마다 특색 있는 향토음식이 탄생했다. 특히 동·북부 지역은 산이 많아 주로 밭농사와 함께 잡곡과 산채류가 발달했고 서·남부 지역은 해안에 접하면서 평야지대로 이루어져 쌀농사와 함께 어패류 요리가 발달했다. 또한 동·북부 지방은 여름이 짧고 겨울이 길어 음식의 간이 남쪽에 비하여 싱거운 편이고 매운맛이 적으며 음식의 크기도 큼직하고 양도 푸짐하다. 반면에, 서·남부 지역은 음식의 간이 세고 매운맛 또한 동·북부 지역에 비해 강하고, 조미료와 젓갈류를 많이 사용하는 특징이 있다.

 # 북부지역의 음식 특징과 향토음식

1. 함경도

북쪽 산간지방을 중심으로 밭곡식이 많이 나며 감자, 옥수수, 콩 등 잡곡의 생산이 풍부하다. 특히 쌀, 조, 기장, 수수의 품질이 우수하여 기장밥, 조밥과 같은 잡곡밥을 주식으로 한다. 감자, 고구마로는 녹말을 만들어서 냉면과 국수를 만들어 먹는다.

함경도와 닿아 있는 동해안은 한류와 난류가 교류하는 황금어장으로 명태, 청어, 대구, 잉어, 정어리, 삼치 같은 여러 가지 생선들이 두루 잘 잡힌다. 음식의 모양은 큼직하고 대륙적이며, 장식이나 기교를 부리지 않고 소박하다. 북쪽으로 올라갈수록 날씨가 추워, 고기나 마늘 등으로 몸을 따뜻하게 해주는 음식을 즐긴다.

함경도의 가장 추운 지방은 영하 40도까지 내려가기도 한다. 그래서 김장을 11월 초순부터 담그며, 젓갈은 새우젓이나 멸치젓을 약간 넣고 소금 간을 주로 하며 동태나 가자미, 대구를 썰어 깍두기나 배추김치 포기 사이에 넣는다. 김치 국물은 넉넉히 붓는다. 동치미도 담가 땅에 묻고, 살얼음이 생길 때쯤 혀가 시리도록 시원한 맛을 즐긴다. 이 동치미 국물에 냉면을 말아 먹기도 한다. 콩이 좋은 지방이라 콩나물을 데쳐서 물김치도 담근다.

함경도의 국수는 양념으로 맛을 내며 감자녹말을 이용한다. 냉면과 비빔국수가 대표적이다. 특히 함경도 회냉면은 홍어, 가자미 같은 생선을 맵게 양념한 회를 냉면에 비벼서 먹는 독특한 음식이다.

함경도 음식의 종류는 다음과 같다.

- 가릿국밥, 회냉면, 가자미식해, 동태순대, 감자국수, 콩부침, 닭비빔밥, 잡곡밥, 찐조밥, 얼린 콩죽, 감자막가리만두, 천렵국, 다시마냉국, 동태매운탕, 영계찜, 두부전, 두부회, 찰떡인절미, 채칼김지 등

2. 평안도

중국과의 교류가 많은 지역으로, 평안도 사람의 성품은 진취적이고 대륙적이다. 따라서 음식도 먹음직스럽고 크게 하며 푸짐하게 많이 만든다. 곡물 음식 중에서는 냉면과 만둣국 등 메밀가루로 만든 음식이 많다. 추운 지방이어서 겨울에 기름진 육류 음식도 즐기고, 밭에서 많이 나는 콩과 녹두로 만든 음식도 많다. 음식의 간은 대체로 심심하고 맵지도 짜지도 않다. 예쁜 것보다 소담스럽게 만들어 많이 먹는 것을 즐긴다.

평안도의 대표 음식으로는 평양냉면과 어복쟁반, 평양온반과 녹두지짐 등이 있다.

평안도 음식의 종류는 다음과 같다.

- 평양냉면, 어복쟁반, 온반, 녹두지짐, 내포중탕, 굴만두, 노티(놋치), 되비지, 순대, 닭죽, 생치(꿩)냉면, 강량국수, 김치밥, 오이토장국, 무청곰, 돼지고기편육, 산적, 전어된장국, 두부회, 조개송편, 꼬장떡, 찰부꾸미 등

3. 황해도

황해도는 북부지방의 곡창지대로, 쌀 생산이 풍부하고 잡곡의 생산도 많다. 인심이 좋고 생활이 윤택하여 음식도 양이 풍부하고 요리에 기교를 부리지 않아 구수하면서도 소

박하다. 만두도 큼직하게 빚고 밀국수를 즐겨 먹는다. 간은 짜지도 싱겁지도 않아 서해를 낀 충청도의 음식 간과 비슷하다.

김치에 독특한 맛을 내는 고수와 분디라는 향신채소를 쓴다. 호박김치에는 늙은 호박을 사용하는데 충청도처럼 늙은 호박으로 담가 그대로 먹는 것이 아니라 끓여서 익혀 먹는다. 김치는 맑고 시원한 국물을 넉넉히 하여 만드는데, 특히 동치미 국물에 찬밥을 말아서 먹는 특징이 있다.

황해도 음식의 종류는 다음과 같다.

- 청포묵, 되비지탕, 행적, 남매죽, 냉콩국, 돼지족조림, 김치밥, 김치말이, 고수김치, 씻긴국수, 수수죽, 밀범벅, 밀낭화(칼국수), 순두부찌개, 김칫국, 조기매운탕, 잡곡전, 대합전, 김치순두부, 된장떡, 고기전과 떡으로는 녹두고물로 하는 시루떡과 오쟁이떡 등

 ## 중부지역의 음식 특징과 향토음식

1. 서울·경기도

경기도는 옛 서울 개성을 포함하고 서울을 둘러싸고 있는 지형으로 산이나 바다와 접해 있으며 한강을 끼고 있어 선사시대부터 수렵, 어업, 농경의 풍부한 물자와 다채로운 재료에 의한 식생활로서 우리 민족의 우수한 식문화를 유지하고 있다. 각종 산채류와 쌀과 보리의 생산량이 많으며 조선시대 수도로서 반가 음식문화가 발달했다. 기후는 온화하여 맛에서도 호화롭고 사치한 개성음식을 제외하고는 대체로 수수하고 소박한 음식이 많다. 간은 중간 정도이고 양념은 많이 쓰지 않는 편이다. 곡물 음식으로 오곡밥과 찰밥을 즐기고, 국수는 해물칼국수를 즐기고 구수한 음식이 많다. 농산물이 풍부하여 개성에서는 화려한 떡이 많이 발달했다.

경기도 음식의 종류는 다음과 같다.

- 개성편수, 조랭이떡국, 제물칼국수, 팥밥, 오곡밥, 수제비, 냉콩국수, 삼계탕, 갈비탕, 곰탕, 개성 닭젓국, 아욱토장국, 민어탕, 감동젓찌개, 종갈비찜, 홍해삼, 개성무찜, 용인외지, 개성보쌈김치, 무비늘김치, 순무김치, 개성경단, 우메기떡, 수수도가니, 개떡, 여주산병, 개성약과, 모과청화채, 오미자화채 등

2. 강원도

강원도는 태백산맥을 중심으로 영서와 영동으로 나눈다. 영서지역은 산악이나 고원지대로, 옥수수, 메밀, 감자 등이 많이 나며 쌀농사보다 밭농사가 더 많으며 지리적ㆍ기후적 특색이 함경도와 비슷하여 식재료와 조리법도 많이 닮아있다. 산에서 나는 도토리, 상수리, 칡뿌리, 산채 등은 사용하여 음식이 사치스럽지 않고 극히 소박하고 먹음직스럽다. 감자, 옥수수, 메밀을 이용한 음식이 다른 지방보다 매우 많다.

영동지역은 해안과 산림이 공존한다. 해안에서는 생태, 오징어, 미역 등 해초가 많이 나서 이를 가공한 황태, 건오징어, 건미역, 명란젓, 창난젓을 잘 담근다. 산악지방은 육류를 쓰지 않고 소(素)음식이 많으나, 해안지방에서는 멸치나 조개 등을 넣어 음식 맛이 특이하다.

강원도 음식의 종류는 다음과 같다.

- 감자부침, 감자떡, 감자전, 감자경단, 강냉이차, 옥수수범벅, 고구마범벅, 호박범벅, 콩죽, 팥국수, 메밀국수, 초당순두부, 동태구이, 도토리묵, 상수리묵, 북어식해, 강원도 막국수, 더덕생채, 취나물, 취쌈, 총떡, 씀바귀김치, 토장아욱국, 섭죽, 오징어무침, 오징어불고기, 오징어회, 오징어순대, 오징어젓, 메추리튀김, 머루주, 꾹저구탕 등

3. 충청도

충청도 내륙지역은 산채류와 버섯류의 생산이 많으며 해안지방은 조개나 굴 등의 생산이 많다. 음식의 특징은 양념을 많이 사용하지 않아 맛이 담백하고 소박하며 꾸밈이 별로 없다.

충청북도는 내륙지방으로 산채와 버섯이 많고 충청남도는 수산물이 많이 생산된다.

충청도 음식의 종류는 다음과 같다.

- 콩나물밥, 보리밥, 찰밥, 칼국수, 호박범벅, 굴냉국, 올갱이국, 넙치아욱국, 청포묵국, 시래기국, 호박지찌개, 청국장, 장떡, 말린 묵볶음, 호박고지적, 오이지, 웅어회, 상어찜, 애호박나물, 참죽나물, 어리굴젓, 쇠머리떡, 꽃산병, 햇보리떡, 약편, 도토리떡, 모과구이, 무엿, 수삼정과, 찹쌀미수, 봉숭아화채, 호박꿀단지 등

 남부지역의 음식 특징과 향토음식

1. 경상도

경상남북도를 흐르는 낙동강은 풍부한 수량으로 농토를 기름지게 만들어 농산물이 넉넉하다. 동쪽과 남쪽의 산지에서는 향기로운 산채를, 바다에서는 싱싱한 생선과 해초를 손쉽게 얻을 수 있다. 따라서 김치에 생선과 해초를 넣는 특징이 있으며 맛이 대체로 강하고 간을 세게 하는 편이다.

해안가 지역에서는 해산물을 사용한 저장식품이 발달했으며 젓갈은 새우젓이나 멸치젓을 약간 넣고 소금 간을 주로 하며 동태나 가자미 등 생선을 배추김치 포기 사이에 넣는 것이 함경도와 같다.

낙동강 주변 지역은 농산물과 육류를 활용한 조리법이 다양하다. 경상도는 국수를 즐기는데, 날콩가루를 섞고 손으로 밀어 칼로 써는 칼국수를 즐겼으며 진주의 음식은 화려

하고 안동은 유교적인 문화로 제사음식의 문화가 발달했다.

경상도 음식의 종류는 다음과 같다.

- 진주비빔밥, 개장국, 동래파전, 경남생선회, 안동식혜, 고구마김치, 경상도잡채, 골곰짠지, 꿩만두, 고등어회, 과메기, 가죽부각, 감자부각, 고추부각, 경남각색젓, 매운탕, 나물국, 꼴뚜기튀김, 대구알젓, 대구탕, 대구모젓, 동태고명지짐, 두부생채, 미더덕찜, 도루묵찌개, 멸간장, 마른 대구찌개, 마른 문어쌈, 메뚜기볶음, 엿꼬장, 민물고기국, 멸치회, 무메젓, 전복김치, 콩가루국, 싸메주꼬장, 바닷게찜, 고명굴젓, 개암장아찌, 언양미나리, 사연지, 어북장국, 잔게탕, 쑥굴레떡, 상어구이, 염쇠고기, 안동식혜, 암소갈비, 유과, 우렁회, 삼계탕, 속세김치, 우엉잎부각, 미역홍합국, 진주비빔밥, 진주식혜, 진주유과, 호박잎국, 호박풀띠죽, 풍장어국, 추어탕, 우엉김치, 미나리찜, 콩잎장아찌, 통영돔찜, 통영비빔밥, 해파리회, 파전, 우렁찜, 전복젓, 재첩국 등

2. 전라도

전라도는 기름진 호남평야를 안고 있어 농산물이 풍부하며, 산채와 과일, 해산물이 고루 풍족하다. 전라도 음식은 전주와 광주를 중심으로 발달했으며, 음식이 사치스럽기가 개성과 맞먹는다. 물맛이 좋기로 유명하여 콩나물 기르는 법이 독특하고, 고추장과 술맛이 좋으며, 상차림의 가짓수도 화려하다. 젓갈은 간이 매우 세고, 김치에는 고춧가루를 많이 쓰며, 국물이 없는 김치를 담근다. 기후가 따뜻해서 간의 세기가 강하고 자극적이다. 다른 지방보다 재료도 매우 많고, 음식에 정성을 들인다. 특히, 음식 솜씨를 다투어 온 덕에 이바지 음식이 화려하게 발달했다.

전라도 음식의 종류는 다음과 같다.

- 콩나물국밥, 홍어, 젓갈, 가지김치, 감장아찌, 감설기, 꿀밤, 꿀대추, 김구이, 깻잎구이, 김장아찌, 갓쌈김치, 쏙대기부각, 톳나물, 관주백당, 나복병, 돔베젓, 동김치,

고춧잎장아찌, 광주젓갈, 검들김치, 동아정과, 동아섞박지, 돌김자반, 김치지느러미, 두루치기, 동백잎부각, 밤죽, 묵은 굴젓, 붕어조림, 어리김치, 산자, 상치절이지, 생미역탕, 숭어어란, 우렁회, 전어조림, 젓갈국김치, 꼬막무침, 고창고추장, 김치잎쌈, 꼴뚜기우생채, 광주애저, 우렁죽, 전라도짠지, 복령떡, 전약, 열무김치, 전주비빔밥, 어물새김, 고추김치, 겨자잡채, 몰무침, 파래무침, 밀떡, 파래김치, 갓소박이, 갈분응이, 뱀장어구이, 못김무침, 바지락, 천어탕, 김무침, 죽순채, 추탕, 풋고추잡채, 풋고추반찬, 참게탕, 콩나물냉국, 토란대나물, 토란탕, 홍어회, 흑임자시루떡, 호박떡, 황새기젓 등

3. 제주도

제주도는 섬 지역으로 해산물은 물론 한라산의 고사리, 버섯 등 산나물이 풍부하다. 제주도는 지형적으로 해촌, 양촌, 산촌으로 구분하여, 그 생활 형태에 따라 음식에 차이가 있다. 해촌은 해안에서 고기를 잡거나 해녀로 잠수어업을 하며 해산물을 얻는다. 양촌은 평야지대로 농업을 중심으로 생활하며, 한라산을 중심으로 한 산촌에서는 고사리와 버섯을 전으로 부쳐 먹는다.

제주도에서는 주로 해초와 된장으로 맛을 내며, 수육으로는 돼지고기와 닭을 많이 쓴다. 쌀이 귀하여 잡곡이 주식이고, 고기는 돼지고기, 닭고기를 많이 쓰며 귤과 오미자가 많이 생산된다. 자리돔은 제주도에서만 잡히는 어종으로 회, 젓갈을 만든다. 제주도만의 식재료로 만든 음식은 수수하고 슴슴한 맛이 특징이다.

제주도 음식의 종류는 다음과 같다.

- 꿩엿, 꿩젓, 꿩국수, 꿩국, 날고추·오이장아찌, 냉국, 녹두죽, 달걀전, 고사리전, 고사릿국, 고사리반찬, 개웃젓, 구살죽(밤송이), 깅이국(게국), 깅이젓(게젓), 댓부르기, 돌레떡, 돼지고기조림, 돼지새끼국, 돼지새끼회, 달떡, 닭고음, 닭죽, 지름방, 물룻쌀, 자리회, 두루치기, 침떡, 잡탕찌개, 매역해경, 전복죽, 제사떡, 제주도장류,

옥돔죽, 옥도미구이, 메밀저배기, 몰망회, 미삐쟁이, 물회, 감제떡, 반달떡, 갈치호박국, 갈치조림, 복쟁이지짐, 볼락구이, 초기죽, 개역, 칼국, 콩국, 고구마빼기떡, 콩잎쌈, 톨냉국, 후춧잎장아찌, 톳나물, 햇병아리고음, 호박잎국, 볼락지짐, 비께회(상어류), 산아름(산열매), 상어산적, 성어지짐, 상어포구이, 생선국, 생선포, 술(보리술), 생선국수, 송아지찜, 소엽차, 메밀국, 멈떡, 송피철국, 수애(순대), 양하무침, 소라젓, 엿, 오메기떡, 우미, 자굴차, 무냉국, 초기전(표고버섯), 게장, 전복소라회, 전복죽, 오분자기젓, 속떡, 메밀만두떡, 빙떡 등

1. 함경도

함흥냉면

북쪽 산간지방을 중심으로 감자와 고구마 생산이 풍부하여 녹말을 만들어 냉면을 만들어 먹었으며 동해안에 잡힌 홍어, 가자미 같은 생선을 맵게 양념한 회를 냉면에 비벼 먹는 음식이다.

재료 & 분량

냉면(감자녹말을 함유한 질긴 면) 1인분, 홍어회 250g, 오이 1/3개, 무 100g, 달걀 1개, 참기름, 굵은소금, 소금, 설탕, 식초

❖ **홍어회 무침 양념(홍어회 250g 기준)**: 간장 1큰술, 소금 1큰술, 설탕 4큰술, 배 100g, 양파 30g, 마른 홍고추 2개, 고춧가루 4큰술, 식초 6큰술, 마늘 1개

만드는 법

1 오이는 씨를 제거하고 슬라이스 하여 굵은소금 1/3큰술에 절여준다.

2 껍질 벗긴 홍어 250g, 식초 2큰술을 넣고 절여준다.

3 무 100g은 슬라이스 하여 소금 1/2작은술, 설탕 1/2큰술, 식초 1/2큰술에 절여준다.

4 양념장을 갈아준다.
   (간장 1큰술, 소금 1큰술, 설탕 4큰술, 배 100g, 양파 30g, 마른 홍고추 2개, 고춧가루 4큰술, 식초 6큰술, 마늘 1개)

5 절인 홍어를 한입 크기로 썰고 양념장 일부를 넣고 섞어준다.

6 면을 삶아내고 찬물에 여러 번 헹궈 준비한다.

7 양념에 절인 홍어를 위에 50g 정도 얹어내고 절인 무와 오이를 함께 곁들인다.

8 삶은 달걀 1/2개를 얹어낸다.

해안가 지역에서 해산물을 사용한 저장식품이 발달하였으며 다른 지역과는 다르게 수분이 적은 조를 넣고 만들어진 발효음식이다.

가자미식해

재료 & 분량

가자미 1kg, 무 1개, 메좁쌀 500g, 엿기름 100g, 굵은소금

✤ **양념**: 고춧가루 1컵, 마늘 5큰술, 다진 생강 1큰술, 매실청 5큰술

만드는 법

1 가자미는 비늘과 내장을 제거하고 깨끗이 씻은 다음 굵은소금을 뿌려 바람에 3일을 말려준다.

2 무는 채 썰고 바람에 물기를 말려둔다.

3 메좁쌀로 밥을 고슬하게 지어준다. (메좁쌀:물=1:1)

4 말려둔 가자미는 1cm 썰어 엿기름과 버무려 3시간 숙성한다.

5 무에서 나온 국물에 양념 재료를 넣는다.

6 양념한 무와 가자미 조밥을 함께 섞어 2~3일 숙성한다.

2. 평안도

Story 3

평양은 기온이 낮아 육류를 즐기는 문화가 있고 메밀이 많이 난다. 가장 유명한 음식으로 평양냉면이 있는데, 메밀로 면을 만들고 고기로 담백한 육수를 우려낸 음식이다.

평양냉면

재료 & 분량

메밀냉면 1인분, 냉면육수 5컵, 달걀 2개, 무 100g, 오이 1/4개, 배 1/4개, 백김치 100g

✤ **냉면 육수 20컵 (4인분 기준)**: 쇠고기(양지머리) 150g, 돼지고기(목살) 100g, 토종닭 300g, 동치미 육수 5컵, 간장, 소금

만드는 법

1   쇠고기와 돼지고기는 찬물에 담가 핏물을 제거한 후 찬물에 20분간 삶는다. 육수에 토종닭과 무를 토막 내어 같이 40분을 더 삶아준다.

2   육수가 끓으면 익은 고기를 꺼내어 쇠고기와 돼지고기는 결 반대로 얇게 썰고 닭고기는 결대로 찢어 놓는다. 끓인 육수는 체에 받쳐놓는다.

3   육수에 간장과 소금으로 간을 하고 동치미 국물을 섞어(육수 7 : 동치미 국물 3) 차게 두어 냉면 육수로 사용한다.

4   오이는 세로로 반을 갈라 어슷하게 썰고 배는 껍질을 벗겨 세로로 잘라 씨를 제거하고 얇게 썬다. 백김치의 줄기 부분을 5cm 길이로 채 썬다.

5   달걀 1개는 삶아 반으로 가르고, 다른 1개는 황백을 섞어 얇게 지단을 부쳐 3~4cm 길이로 가늘게 채 썬다.

6   냉면은 끓는 물에 삶아내고, 찬물에 재빨리 헹궈 사리를 짓는다.

7   그릇에 냉면 사리를 담고 그 위에 배추김치, 쇠고기, 돼지고기, 닭고기, 오이와 배, 달걀지단을 올린다. 삶은 달걀을 얹고 냉면 육수를 부어 식초와 간장을 같이 내고 겨자장도 기호대로 곁들인다. 취향껏 식초를 국수사리를 곁들인다.

평양은 식재료가 풍부하여 식생활이 다채롭다. 평양온반은 이러한 문화가 깃든 음식으로, 산채류와 쌀과 육류를 함께 곁들였으며 맛은 대체로 수수하고 소박하다.

평양온반

재료 & 분량

닭고기 1마리, 느타리버섯 30g, 표고버섯 2개, 대파 1대, 달걀 1개, 당면 15g, 녹두전 1장, 실고추, 다진 마늘, 국간장, 소금, 후추, 참기름

만드는 법

1 닭은 푹 삶아 살코기를 결대로 찢어 준비한다.

2 당면은 불려서 준비한다.

3 달걀지단과 녹두전을 부쳐 놓는다.

4 표고버섯과 느타리버섯은 데쳐 물기를 짠 후에 삶아 찢은 닭과 함께 국간장, 후추, 다진 마늘, 참기름으로 밑간하여 무친다.

5 닭육수에 4를 넣고 한소끔 끓인다. 당면은 토렴해준다.

6 국간장과 다진 마늘, 소금으로 간을 맞춰 마무리한다.

7 그릇에 밥과 토렴한 당면을 얹어주고 준비한 전을 올린 다음 대파와 실고추를 넣고 국물을 담아 마무리한다.

3. 황해도

고수김치

고수는 독특한 향 때문에 우리나라의 다른 지역에서는 즐겨 사용하지 않았지만, 황해도에서는 고수를 겉절이처럼 버무려 먹었다.

재료 & 분량

고수 1kg, 쪽파 60g, 무 80g, 소금

❖ **김치 양념**: 고춧가루 1컵, 황석어젓 2/3컵(또는 새우젓), 꽃소금 1/2컵, 마늘 40g, 생강 20g

만드는 법

1 고수는 싱싱한 것으로 골라 뿌리와 겉잎을 다듬어서 물에 씻어 물기를 뺀 후 소금을 살살 뿌려 살짝 절인다. 고수가 연하면 절이지 않아도 된다.

2 쪽파는 다듬고 씻어 5cm 길이로 썰고, 마늘과 생강은 절구에 찧는다.

3 무는 깨끗이 씻어 0.3cm로 굵게 채 썰어서 소금에 살짝 절인 후 소쿠리에 쏟아 물을 따라낸다.

4 황석어젓의 살은 저며서 다지고, 남은 머리 부분과 뼈는 물을 동량 부어 끓여서 면포에 거른다.

5 황석어젓 국물에 고춧가루를 갠 다음 다진 황석어젓 살과 마늘, 생강, 꽃소금을 넣고 잘 버무려 김치 양념을 만든다.

6 손질한 고수에 절인 무채와 쪽파를 넣은 후 김치 양념을 넣어 살살 버무린다.

청포묵무침

황해도는 곡창지대로 잡곡의 생산이 많은 지역으로, 청포를 가루 내어 묵을 만들었으며 요리에 기교를 부리지 않아 깔끔하고 슴슴하게 무쳐 먹었다.

재료 & 분량

쇠고기 100g, 청포묵 1모, 숙주 100g, 미나리 6줄기, 오이 1/3개, 김 1장, 간장, 설탕, 다진 마늘, 참기름, 소금, 통깨

만드는 법

1 쇠고기는 간장 1작은술, 다진 마늘 1작은술과 함께 중불에 볶아준다.

2 청포묵은 0.5cm 두께로 채 썰어 물에 데쳐준다.

3 미나리는 5cm, 숙주는 머리와 꼬리를 떼어주고 끓는 물에 데쳐 찬물에 헹궈 물기를 꼭 짜서 준비한다.

4 오이와 김은 5cm 길이로 맞춰 얇게 채 썰어준다.

5 1~4를 볼에 넣고 간장 1큰술, 설탕 1/2큰술, 다진 마늘 1작은술, 참기름 1/2큰술, 소금 1/4작은술, 통깨 1/4작은술 넣고 함께 버무려준다.

조랭이떡국

옛 서울 개성에서는 화려하기보단 수려하고 단아한 음식을 추구하였으며 쌀과 다채로운 재료로 떡을 만들었다. 특히 나무를 이용하여 조랭이 모양으로 만들어 다른 지역과 다른 모양새의 떡국을 만들었다.

재료 & 분량

조랭이떡 100g, 사골국 2컵, 쇠고기(양지) 100g, 대파 1대, 달걀 1개, 김 1/4장, 실고추 2가닥, 국간장, 소금

만드는 법

1   물 2컵에 쇠고기를 삶아 결대로 찢어 준비한다. (양지육수 사용)

2   달걀은 황백으로 나눠 지단을 부쳐준다.

3   황백지단과 김은 얇게 채 썰어준다.

4   파는 길게 어슷 썰어준다.

5   사골육수 2컵, 쇠고기 삶은 육수 2컵을 붓고 조랭이떡을 넣은 다음 국간장 1작은술, 소금1/4작은술 넣고 끓이다가 파를 넣고 불을 끈다.

6   그릇에 떡을 담아내고 황백지단, 김을 실고추 올려 국물을 부어준다.

개성편수

개성에서는 간이 세거나 색이 화려하기보다는 담백한 맛을 추구하였으며 만두의 모양새 역시 지역마다 차이점을 보이지만 개성에서는 만두를 사각형으로 만들어 먹었다.

재료 & 분량

만두피, 밀가루 1컵, 소금 1/4작은술, 물 1컵, 달걀 1개

- **만두소**: 닭고기 100g, 표고버섯 50g, 숙주 50g, 애호박 50g, 두부 50g, 잣 1작은술, 간장 1큰술, 소금 1큰술, 후춧가루, 다진 파, 다진 마늘
- **육수**: 쇠고기(양지머리) 육수 5컵
- **초간장**: 간장 1큰술, 식초 1작은술, 설탕 1작은술, 물 1큰술

만드는 법

1   닭고기는 살코기 부분을 곱게 다진다.

2   애호박은 가늘게 채 썰어 소금에 절였다가 물기를 꼭 짠다. 숙주는 끓는 물에 데쳐 꼭 짜서 물기를 제거한 후에 잘게 썰고, 표고버섯과 두부는 으깬다.

3   닭고기에 숙주, 애호박, 표고버섯, 두부를 넣고 간장, 소금, 다진 파와 다진 마늘, 후춧가루로 양념하여 소를 만든다.

4   지단을 부친 후 마름모의 완자형으로 썬다.

5   밀가루에 소금을 넣은 찬물을 섞어 반죽하여 30분 정도 두었다가 얇게 밀어 한 변이 6cm 되게 바른 사각형으로 자른다.

6   만두피에 소와 잣 2~3개를 넣고 네모나게 싸서 만두를 빚는다.

7   육수가 끓으면 만두를 넣어 끓이고 소금으로 간을 한 후 그릇에 담아 달걀 지단을 올리고 초간장을 곁들인다.

메밀국수

강원도에서는 지형적으로 메밀의 수확량이 많았기에 메밀가루를 이용한 면 요리가 발달하였다. 메밀국수는 메밀의 슴슴한 맛을 보완하기 위해 고춧가루로 만든 거친 양념장으로 버무려냈다.

재료 & 분량

메밀면 1인분, 김 1장, 쪽파 1줄, 참깨, 참기름

✦ **양념장(하루 숙성)**: 고운 고춧가루 5큰술, 굵은 고춧가루 1큰술, 다진 마늘 3큰술, 설탕 3큰술, 매실청 2큰술, 물엿 1큰술

만드는 법

1 양념장을 만들어 하루 숙성한다.

2 쪽파는 송송 썰어주고 깨는 깨소금을 만들어준다.

3 김은 불에 살짝 구워 부숴 준비한다.

4 메밀면을 삶아 헹궈 준비한다.

5 그릇에 참기름 2큰술을 넣고 메밀면을 담고 깨소금과 김가루를 뿌린 후 양념장은 취향껏 넣는다.

감자옹심이

강원도는 태백산맥을 중심으로 산악이나 고원지대에서 감자의 수확량이 많아 감자를 이용한 요리가 발달하였다. 감자옹심이는 감자로 전분을 만들고 감자의 성질을 이용한 음식이다.

재료 & 분량

감자 2개, 당근 15g, 호박 15g, 양파 15g, 김 1/4장, 소금, 다진 마늘, 깨소금, 국간장

✦ **육수**: 멸치 30g, 건새우 15g, 다시마 1토막, 표고버섯 1개, 무 30g, 파 1대, 양파 1/4개

만드는 법

1 감자는 강판에 갈아 볼 위에 체에 밭쳐 물기를 뺀다. (변색 방지와 밑간을 위해 소금을 뿌려가며 간다)

2 윗물은 따라버리고 가라앉은 전분은 감자 반죽과 섞는다.

3 국물 재료를 넣어 육수를 끓인 후 호박과 당근, 양파는 얇게 채 썰어 넣어준다.

4 체에 밭쳐둔 감자는 물기를 제거한 뒤 감자에서 나온 물에서 가라앉힌 전분만 넣어 반죽하여 한입에 먹기 좋은 크기로 뭉친다.

5 육수에 간장과 채소를 넣은 후 한소끔 끓이다 다진 마늘을 넣고, 육수가 다시 끓어오르면 옹심이를 넣어준다.

6 어느 정도 끓으면 서로 붙어 있는 옹심이를 떼어주고, 소금 간을 하고 그릇에 담아 김가루와 깨소금을 올린다.

6. 충청도

청국장은 한국의 전통적인 장으로써 다른 장에는 없는 청국장 균의 발효 과정에서 끈적이는 점성을 만들어내고 끓이는 과정에서 독특한 향을 내며 구수한 맛을 내는 요리이다.

청국장찌개

재료 & 분량

돼지고기(목살) 100g, 청국장 100g, 애호박 1/2개, 감자 1개, 양파 1/2개, 느타리버섯 50g, 두부 1/2모, 대파 1토막, 청양고추 1개, 된장, 멸치액젓, 물, 소주, 다진 마늘, 후추

만드는 법

1 돼지고기(목살)는 두툼하게 썰어 다진 마늘과 소주, 후추로 밑간해 둔다.

2 청국장에 된장과 멸치액젓과 물을 섞어둔다.

3 애호박, 감자, 양파는 투박하게 썰어 두고 느타리버섯은 굵게 찢어 준비한다.

4 두부도 투박하게 썰어준다.

5 대파와 청양고추는 어슷하게 썰어준다.

6 팬을 달군 후 고기를 볶다가 감자를 넣고 볶아준다.

7 물과 청국장을 풀어둔 양념을 넣고 끓이다가 대파, 양파, 애호박, 두부, 느타리버섯을 넣고 중불로 끓이고 청양고추를 넣고 마무리한다.

충청도는 올갱이가 많이 잡히는 지역이다. 올갱이국은 올갱이를 넣어 담백하고 소박하게 끓이는 국이다.

올갱이국

재료 & 분량

올갱이, 올갱이 육수 1컵, 시금치 50g, 표고버섯 1개, 마른 멸치 30g, 다시마 1장, 대파 1대, 홍고추 1/4개, 된장, 액젓, 다진 마늘, 찹쌀가루 1큰술

만드는 법

1 올갱이는 물 2컵에 삶아 준비한다. (올갱이 육수 사용)

2 올갱이 육수에 마른 멸치와 다시마, 표고버섯을 넣고 10분 끓여 육수를 준비한다.

3 시금치(또는 아욱)는 5cm로 썰어준다. 육수 낸 표고버섯도 굵게 썰어준다.

4 준비한 육수에 다진 마늘과 된장을 풀어주고 올갱이를 넣고 찹쌀가루를 풀어 끓인다.

5 액젓으로 간을 맞춘 후 대파와 홍고추를 어슷 썰어 얹어주고 마무리한다.

경상도는 낙동강의 수량과 농토가 좋아 농산물과 먹을거리가 넉넉하다. 특히 유교 문화가 잘 보존된 지역으로 육전은 제사음식 중 전 요리가 발달하면서 만들어진 요리이다.

육전

재료 & 분량

쇠고기(우둔살) 200g, 달걀 2개, 찹쌀가루, 소금, 후추, 식용유

만드는 법

1 쇠고기(우둔살)는 얇게 저민 후 핏물을 제거하고 소금과 후추로 밑간한다.

2 1에 찹쌀가루(또는 밀가루)를 얇게 묻혀준다.

3 달걀을 풀어 밀가루를 묻힌 고기에 입힌다.

4 달궈진 팬에 기름을 두르고 육전을 부쳐낸다.

동래파전

경상도는 바다가 인접하여 싱싱한 해산물이 풍부하고 동쪽과 남쪽의 산지에서는 향기로운 산채를 얻을 수 있다. 동래파전은 이러한 배경에서 해산물과 파를 넣어 전을 부쳐 먹는 요리이다.

재료 & 분량

쪽파 150g, 오징어 1마리, 새우 10마리, 홍합살 50g, 달걀 2개, 양파 1/4개, 홍고추 1/2개, 부침가루, 식용유

만드는 법

1 쪽파는 씻어서 준비한다.

2 오징어는 깨끗이 씻어 썰어주고 새우, 홍합도 함께 소금물에 살짝 씻어준다.

3 양파는 채 썰어서 준비한다.

4 부침가루 1/2컵에 식용유 2큰술, 찬물 1/2컵을 넣고 부침 반죽을 한다.

5 팬에 기름을 두르고 쪽파를 먼저 펼쳐 모양을 잡은 후 반죽을 절반 붓고 해물과 양파, 홍고추를 얹어준다. 남은 반죽과 달걀을 두 개를 위에 펼친 뒤 뒤집어 익혀준다.

8. 전라도

전주비빔밥

전라도의 기름진 호남평야를 안고 농산물과 산채가 풍부하여 이를 한 그 릇에 담아 물이 좋아 맛이 좋은 고추장을 넣어 비벼 먹는 형태의 음식이다.

재료 & 분량

불린 쌀 1컵, 콩나물 100g, 청포묵 30g, 당근 30g, 고사리 30g, 다진 쇠고기 50g, 쑥갓 15g, 달걀 1개, 밀가루, 소금, 참기름, 다진 마늘, 고추장, 설탕, 매실청, 참기름

만드는 법

1 불린 쌀 1컵에 물 1컵을 넣고 밥을 지은 뒤 뜸 들이기 전에 콩나물을 넣고 함 께 뜸을 들인다.

2 청포묵은 얇게 채 썰어 물에 데친 후 소금과 참기름으로 양념한다.

3 당근은 채 썰어 기름에 볶아준다.

4 고사리는 물에 밀가루 1작은술을 넣고 데친 후 소금과 참기름으로 볶아준다.

5 다진 쇠고기에 다진 마늘을 넣고 볶다가 고추장 3큰술, 설탕 1큰술, 매실청 1작은술, 참기름 1작은술을 넣고 볶음 고추장을 만들어준다.

6 밥은 콩나물과 섞어 푼 뒤에 준비한 채소와 볶음 고추장을 담고 쑥갓과 달 걀노른자를 함께 올려준다.

Story 3

152

전라도는 지형적으로 물이 좋아 특히 콩나물의 맛이 좋기로 유명하다. 콩나물국밥은 콩나물과 오징어를 넣어 담백하게 만든 요리이다.

재료 & 분량

콩나물 300g, 오징어 1마리, 청양고추 1개, 대파, 마늘

- **곁들임**: 고춧가루 1작은술, 새우젓, 통깨 1작은술, 김 1/2장, 달걀 1개, 밥 1공기
- **육수**: 물 3L, 다시마 3토막, 대파 1대, 건표고버섯 1개, 황태포 15g, 국간장 1큰술, 액젓 2큰술

만드는 법

1 콩나물은 깨끗이 씻어 준비한다.

2 대파는 얇게 채 썰어주고 마늘은 곱게 다져 준비한다.

3 물 3L에 다시마 3토막, 대파 1대, 건표고버섯 1개, 황태포 15g를 넣고 15분 육수를 끓여준다. 국간장 1큰술, 액젓 2큰술로 육수 간을 한다.

4 육수에 들어간 재료들을 건져내고 오징어를 데친 후 먹기 좋게 썰어준다.

5 육수에 콩나물을 넣고 센 불에 3분 끓여 콩나물은 건져낸다.

6 밥에 콩나물, 오징어를 얹고 육수를 부은 후에 다진 마늘과 파를 넣고 달걀 1개, 김가루, 고춧가루, 새우젓, 통깨는 함께 내어 취향껏 먹도록 한다.

9. 제주도

빙떡

제주도는 섬 지역으로 산나물이 풍부하지만, 농작물이 넉넉하지는 않았다. 빙떡은 메밀가루에 저장 음식인 무를 속 재료로 넣어 담백하게 만든 요리이다.

재료 & 분량

메밀가루 1컵, 물 1컵, 무 100g, 쪽파 30g, 소금, 참기름, 깨소금

만드는 법

1 무는 얇게 채 썰어준다.

2 냄비에 무를 넣고 그 위에 물 5큰술을 끼얹은 뒤 뚜껑을 덮고 5분 정도 중불로 익혀준다. 뚜껑을 닫은 상태로 10분간 더 두어 골고루 익혀준다.

3 다 익은 무에 쪽파를 송송 썰어 넣고 소금과 참기름, 깨소금을 넣고 양념해준다.

4 메밀가루에 물을 섞어 반죽한다.

5 팬에 기름을 두르고 얇게 부친 뒤 한 번 뒤집어서 무나물을 넣고 돌돌 말아준다.

Story 3

제주 해녀는 해안에서 잠수어업을 하며 해산물을 얻는데, 그중에 최고는 전복이다. 전복죽은 전복의 살과 해초를 먹고 만들어진 초록 빛깔의 내장까지 넣어 만드는 보양식 요리이다.

전복죽

재료 & 분량

전복(100g) 2마리, 불린 쌀 1컵, 다진 마늘, 참기름, 깨소금

만드는 법

1 전복은 껍질에서 살과 내장을 분리하고 살에 있는 이부위를 제거하고 얇게 썰어준다.

2 불린 쌀은 내장과 함께 물 3큰술만 넣고 반 정도 부서지는 싸라기로 갈아준다.

3 참기름에 다진 마늘을 볶다가 전복살을 넣고 내장과 함께 갈아준 쌀을 넣고 볶아주다 쌀이 1/4 정도 투명해지면 물을 5컵 넣고 중불로 끓여준다.

4 중간에 쌀이 익고 죽의 점성이 완성되면 참기름과 깨소금을 넣고 마무리한다.

현대적 감각으로
재해석한

한국 음식

시절음식

時 節 飲 食

오곡밥

오곡밥은 다섯 가지의 곡식을 합하여 밥을 짓는 데서 이름이 연유되었다. 음력 정월 보름달에 가을철에 간수한 아홉 가지의 묵은 나물을 준비하고 오곡밥을 지어 이웃과 두루 나누어 먹는 풍습이 지금까지도 지켜져 내려오고 있다.

오곡이란 원래 다섯 가지의 중요한 곡식인 쌀, 보리, 조, 콩, 기장을 이른다. 그러나 오곡밥에서의 곡식은 각 지방에 따라 조금씩 다르다. 오곡밥은 차진 곡물이 많이 들어가므로 밥물을 일반 밥보다 적게 잡는다.

재료 & 분량

팥 1/4컵, 밤콩 1/4컵, 수수 1/4컵, 차조 1/4컵, 찹쌀 1/2컵, 멥쌀 1컵, 소금 1/2큰술

만드는 법

1 찹쌀과 멥쌀은 밥 짓기 30분 전에 미리 충분히 불려 놓는다.

2 팥은 씻어서 물을 붓고 끓여서 첫물은 버리고, 다시 물을 붓고 끓여서 삶는다. 이때 팥물은 버리지 않고 따로 받아둔다.

3 밤콩은 물에 불리고, 수수는 여러 번 씻어 붉은 물을 우려내고, 차조는 씻어 건진다.

4 냄비에 쌀, 찹쌀, 삶은 팥, 불린 콩, 수수를 넣고 동량의 물(팥물)을 넣고 소금을 약간 넣어 끓인다.

5 밥이 끓으면 위에 차조를 넣고 불을 중불로 줄여 5분간 끓인다.

6 쌀알이 푹 퍼지면 불을 끄고 10분간 뜸을 들인 후 그릇에 퍼낸다.

노비송편

멥쌀가루를 익반죽하여 시래기나물을 양념한 것을 소로 채워 시루에 쪄낸 송편이다. 김장철에 말려두었던 시래기를 양념하여 송편의 소로 넣어 쪄서 먹으면 일 년 내내 고약한 병과 액운을 면할 수 있다고 하여, 농사를 시작하기 전에 노비들에게 주어 먹였다고 한다.

재료 & 분량

멥쌀 5컵, 소금 1작은술, 마른 시래기 3줄기, 참기름, 깨소금, 솔잎

✤ **시래기 양념**: 다진 파 1작은술, 다진 마늘 1/2작은술, 소금 약간, 참기름 약간, 깨소금 약간

만드는 법

1   마른 시래기는 불에 불리거나, 끓는 물에 삶아서 부드럽게 한 후 쫑쫑 썰어 시래기 양념에 무쳐서 소로 준비한다.

2   멥쌀은 씻어 불린 후 소금을 넣어 가루로 빻아 체에 친 후 뜨거운 물을 부어 익반죽 한다.

3   떡반죽을 밤알만 한 크기로 떼어 둥글게 빚은 다음 가운데를 파서 그 속에 준비한 시래기 소를 넣고 오므려 조개처럼 빚는다.

4   시루나 찜통에 솔잎을 깔고 송편이 서로 닿지 않게 한 켜 놓고 위에 솔잎을 한 켜 놓는다.

5   김이 오른 찜통에 30분간 찌고 다 익으면 냉수에 얼른 씻어서 솔잎은 떼고 소쿠리에 건져서 물기를 뺀 다음 참기름을 발라서 그릇에 담는다.

도다리쑥국

3월

봄이 제철인 도다리와 햇쑥을 넣어 만든 담백하고 깔끔한 봄철 대표적인 음식이다. 향긋한 쑥향이 생선의 비린맛을 없애 주면서 국물이 시원해 경남 통영 지역에서는 숙취 해소에 좋은 국으로 알려져 있다.

재료 & 분량

도다리 1마리, 데친 쑥 100g, 무 50g, 모시조개 10개, 청양고추 1개, 홍고추 1개, 대파 1뿌리, 생강, 맛술, 된장, 소금, 간장

✛ **육수**: 물, 황태머리 1개, 다시마 1조각

만드는 법

1 냄비에 물을 넣고 황태머리, 다시마 1조각을 넣고 육수를 끓인다.

2 무는 나박나박하게 썰고, 청양고추, 홍고추, 대파는 어슷 썬다.

3 모시조개는 전날 구입하여 미리 해감하여 준비한다.

4 도다리는 깨끗이 씻어 내장을 제거하고 3토막으로 썰어 준비한다.

5 냄비에 육수를 붓고 된장 2큰술을 풀어 끓여준다.

6 육수가 끓으면 무와 모시조개를 넣고 끓이다가 도다리를 넣고 끓여준다.

7 국이 충분히 끓고 도다리가 다 익으면 청양고추, 홍고추, 대파를 넣고 한소끔 끓이다가 소금, 간장으로 간하고, 맛술을 1큰술 넣어 비린맛을 없애준다.

8 마지막으로 데친 쑥을 넣어 한소끔 끓인 후 그릇에 낸다.

미나리강회

4월

연한 미나리를 데치고 편육과 지단을 한데 묶어서 만든 채소 숙회로 초고 추장을 곁들인다.

미나리가 연하지 않을 때는 가는 실파로 같은 방법으로 만든다.

재료 & 분량

미나리 100g, 쇠고기(우둔 또는 양지머리) 100g, 달걀 1개, 홍고추 1개, 통마늘 1개, 소금

❖ **초고추장**: 고추장 1큰술, 식초 1큰술, 설탕 1큰술

만드는 법

1 쇠고기는 끓는 물에 통마늘을 넣고 푹 삶아 건져 무거운 것에 눌러 놓아 편육을 만들어 길이 4cm, 폭 2cm 크기로 잘라 준다.

2 미나리는 뿌리와 잎을 떼고 깨끗이 씻어서 끓는 물에 소금을 약간 넣고 파릇하게 데쳐 찬물에 헹구어 건진다.

3 달걀은 황, 백으로 나누어 두껍게 황백지단을 부쳐서 길이 4cm, 폭 2cm 크기로 잘라 준다.

4 홍고추는 갈라서 씨를 빼고 길이 3cm, 폭 0.3cm 크기로 잘라 준다.

5 데친 미나리 한 가닥을 편육, 황백지단, 홍고추를 함께 잡아 말아서 끝을 끼워 준다.

6 접시에 미나리강회를 담고, 초고추장은 따로 작은 그릇에 담아 낸다.

제호탕

5월

조선시대 궁중에서는 단옷날 내의원에서 제호탕을 임금님께 올리면 임금은 이를 기로소의 신하들에게 하사하셨다고 한다. 한방 음료로, 이를 마시면 여름철에 더위를 타지 않고, 향이 입 안에서 오래 간다.

재료 & 분량

오매 1근(375g), 초과 1량(37.5g), 축사 5전(18.8g), 백단향 5전(18.5g), 꿀 5근(1875g)

만드는 법

1   오매는 따로 가루로 빻는다.

2   초과, 축사, 백단향은 함께 고운 가루로 빻는다.

3   꿀을 불에 올릴 수 있는 도자기에 담고 한약재 간 것을 모두 넣고 저으면서 되직하게 끓인다.

4   3을 식혀서 사기 항아리에 담아 보관하고 마실 때 찬물에 타서 마신다.

흰살 생선인 민어, 광어, 도미 등의 횟감을 끓는 물에 살짝 익힌 숙회이다.

어채

6월

재료 & 분량

민어(또는 흰살 생선) 200g, 오이 1/2개, 홍고추 1개, 건표고버섯 2장, 달걀 1개, 녹말가루, 소금, 흰후추

초고추장: 고추장 1큰술, 식초 1큰술, 설탕 1큰술

만드는 법

1 민어는 깨끗이 씻어 비늘을 벗기고 내장을 제거한 후 살만 2장으로 넓게 떠서 껍질을 벗기고 한입 크기로 저며 썬 다음 소금, 흰후추를 뿌린다.

2 달걀은 황백으로 나누어 지단을 부친 후 가로 2cm, 세로 3cm 길이로 썰어준다.

3 오이와 홍고추는 가로 2cm, 세로 3cm 길이로 썰고, 건표고버섯은 불린 후 가로 2cm, 세로 3cm 길이로 썰어준다.

4 냄비를 물을 붓고, 1, 3에 녹말가루를 묻힌 후 끓는 물에 데친다.

5 접시에 재료를 색스럽게 돌려 담은 후 초고추장을 따로 그릇에 낸다.

삼계탕

삼계탕(蔘鷄湯)은 계삼탕 또는 영계백숙이라고도 하며, 여름철의 보신음식으로 꼽힌다. 어리고 연한 닭을 온마리째로 넣는데, 배 속에 찹쌀과 마늘, 대추, 인삼을 채워서 물을 부어 오래 끓인다.

재료 & 분량

영계 1마리(3호 또는 5호), 찹쌀 1/2컵, 마늘 4개, 대추 3개, 수삼 1뿌리, 소금, 대파

만드는 법

1. 찹쌀은 깨끗이 씻어 물에 1시간 정도 불린 후 소쿠리에 건져 물기를 제거한다.

2. 대추는 씨를 제거하고 마늘과 수삼은 깨끗이 씻어 준비한다.

3. 영계는 꼬리 쪽을 조금 갈라서 내장을 꺼내고 뼈에 붙어 있는 이물질도 말끔히 긁어낸 다음 씻어서 물기가 잘 빠지도록 세워 둔다.

4. 영계의 배 속에 불린 찹쌀, 마늘, 대추, 수삼을 넣고 다리 옆쪽으로 칼집을 넣어 두 다리를 꼬아 준다.

5. 냄비에 물을 담고 준비한 영계를 넣고 1시간 이상 푹 끓여 익혀준다.

6. 영계가 충분히 익으면 국물에 소금 간을 하여 준다.

7. 그릇에 영계와 국물을 같이 담고, 잘게 썬 파를 곁들여 낸다.

오려송편

8월

오려송편은 추석 차례 때 먹는 송편으로 철 이르게 익은 벼인 올벼를 빻아서 쌀가루를 내어 여기에 갖은 소를 넣고 빚어 익힌 송편을 말한다. 이때 멥쌀가루는 익반죽하여 여러 가지 소를 채워 빚어서 시루에 솔잎을 갈고 쪄내어 만든다.

재료 & 분량

올벼 쌀 3컵, 소금 1/2작은술, 쑥 20g, 치자 1개, 참기름, 솔잎

❖ **소**: 거피팥 1/4컵, 소금 약간, 꿀 1작은술, 계핏가루 약간, 밤 5개, 풋콩 1/4컵, 소금 약간, 깨 1/4컵, 꿀 1큰술

만드는 법

1   쌀을 씻어 불린 다음 소금을 넣어 가루로 빻아 체에 쳐서 3등분 한다.

2   쑥은 연한 잎으로 골라 끓는 물에 소금을 약간 넣고 데쳐내어 절구에 곱게 찧는다.

3   치자를 쪼개어 물에 담가 노란색을 우려 낸다.

4   떡가루에 하나는 끓는 물을 그대로 넣어 흰색으로, 또 하나는 치자물 2큰술을 넣고 손으로 비벼 쌀가루에 색을 들인 후 끓는 물로 반죽하고, 나머지는 데친 쑥과 끓는 물을 넣어 쑥색으로 반죽하여 세 가지의 떡반죽을 만든다.

5   거피팥은 불려 쪄서 체에 내리고 소금, 꿀, 계핏가루를 넣어 지름 2cm 정도로 둥글게 팥소를 빚는다.

6   밤은 껍질을 벗겨서 4조각으로 썰고, 풋콩은 삶아서 깨끗이 씻어 소금을 뿌려 놓는다.

7   깨는 볶아서 빻아 꿀로 버무린다.

8   떡반죽을 밤알만 한 크기로 떼어 둥글게 빚은 다음 가운데를 파서 준비한 여러 가지 소를 넣고 오므려 조개처럼 빚는다.

9   찜통에 솔잎을 깔고 송편을 넣은 후 김이 오른 찜통에 30분간 찐다.

10   송편이 다 익으면 냉수에 얼른 씻어서 솔잎을 떼고 소쿠리에 건져서 물기를 뺀 다음 참기름을 발라서 그릇에 담는다.

가을철의 송이버섯에 소금과 참기름으로만 양념한 쇠고기를 어울려 담아 끓인 전골로 송이버섯의 향을 잘려서 만든 음식이다. 송이버섯은 독특한 향기와 맛이 특징으로 가을철 소나무 숲에서 채취한다. 『동의보감』에서는 송이버섯을 "나무에서 나는 버섯 가운데서 으뜸가는 것이다"라고 하였다.

재료 & 분량

송이버섯 200g, 쇠고기(등심) 100g, 팽이버섯 50g, 싸리버섯 50g, 느타리버섯 50g, 청고추 1개, 홍고추 1개

✦ **육수**: 물, 다시마 1조각, 소금, 간장
✦ **쇠고기 양념**: 소금 1/2작은술, 참기름 1/2작은술, 후추 약간

만드는 법

1   냄비에 물을 넣고 다시마 1조각을 넣어 육수를 끓인다가 다시마를 건져내고, 소금, 간장으로 간하여 육수의 간을 맞춘다.

2   송이버섯은 밑동의 흙을 깨끗이 손질하여 갓의 껍질을 얇게 벗긴 후 길이로 2~3쪽으로 잘라 놓는다.

3   쇠고기는 얇게 썰어 쇠고기 양념에 재워 놓는다.

4   팽이버섯, 싸리버섯, 느타리버섯은 깨끗이 씻어 길이대로 찢어 놓는다.

5   청고추, 홍고추는 어슷 썰어 준비한다.

6   전골 냄비에 송이버섯과 여러 종류의 버섯을 돌려 담고, 가운데 양념한 쇠고기를 놓고 육수를 부어 살짝 끓여 낸다. 위에 청고추, 홍고추를 올려 낸다.

연 포 탕

10월

연포탕은 낙지로 만든 국물 요리로, 맑은 국물의 맛을 내기 위해 무, 배추, 미나리 등의 채소와 함께 끓인다. 대개 낙지를 매운 고추장 양념에 곁들여 먹는 것과 달리 낙지를 그대로 조리해 담백한 맛을 살리는 것이 연포탕의 특징이다.

재료 & 분량

낙지 2마리, 양파 1/2개, 무 100g, 쑥갓(또는 미나리) 5줄기, 청고추 1개, 홍고추 1개, 대파, 간장, 다진 마늘, 굵은소금, 소금

❖ **다시 국물**: 국물 멸치 50g, 자른 다시마 1장을 물과 함께 넣어 끓여 줌

만드는 법

1 쑥갓은 깨끗이 씻어서 준비하고, 양파는 두껍게 채 썰고, 무는 나박하게 썰고, 대파와 고추는 어슷 썰어 준비한다.

2 낙지는 굵은소금으로 다리의 빨판을 비벼가며 깨끗이 세척하고 물기를 제거한다.

3 냄비에 다시 국물을 끓여 주다가 멸치와 다시마는 건져내고, 무와 양파를 넣고 끓인다.

4 여기에 낙지를 넣고 살짝 끓이다가 다진 마늘, 소금을 넣어 간하고, 마지막에 대파, 고추, 쑥갓을 넣고 한소끔 끓여 그릇에 낸다.

동지팥죽

11월

붉은팥을 무르게 삶아 으깨어 불린 쌀을 넣어 끓인 죽이다. 먼 옛날, 1년 중 낮이 가장 짧은 날인 동지(冬至)는 새해의 시작이었다. 그래서 동지의 절식(節食)인 팥죽에 찹쌀가루로 빚은 새알심을 새해의 나이 수만큼 넣어 먹는 풍습이 있다.

팥죽은 약한 불에서 서서히 끓여야 붉은 색깔이 곱다. 팥죽의 간은 대개 소금으로 맞추는데, 기호에 따라 설탕을 넣어 먹기도 한다.

재료 & 분량

멥쌀 1/4컵, 붉은팥 1컵, 찹쌀가루 1/2컵, 소금, 설탕

만드는 법

1. 멥쌀을 씻어서 물에 2시간 이상 충분히 불린 후 소쿠리에 건져 물기를 뺀다.

2. 찹쌀가루는 뜨거운 물에 소금을 넣고 익반죽하여 지름 1cm 크기로 새알심을 동그랗게 빚는다.

3. 붉은팥은 씻어서 냄비에 물을 부어 끓여 첫물은 버리고 다시 물을 부어 푹 무를 때까지 삶는다.

4. 삶은 팥을 뜨거울 때 주걱으로 으깨고 체에 나머지 물을 조금씩 부으면서 걸러서 껍질은 버리고 앙금은 가라앉힌다.

5. 불린 쌀에 팥물을 붓고 쌀알이 완전히 퍼질 때까지 끓여 준다.

6. 여기에 팥 앙금을 넣고 잘 어울러지게 푹 끓이다가 새알심을 넣고 끓인다.

7. 새알심이 익어서 위로 떠오르면 소금, 설탕으로 간을 맞추어 그릇에 낸다.

굴보쌈김치

12월

배추를 절여서 네모지게 썰고, 무는 납작하게 썰어 절여서 배, 밤, 잣 등의 과실과 굴, 낙지 등의 해산물, 석이버섯, 표고버섯 등의 산해진미를 모두 합하여 버무려서 보시기에 배추 잎을 깔고 하나씩 보자기처럼 싸서 익힌 호화로운 김치이다. 흔히 보쌈김치라 하여 경기도 개성의 명물이다.

재료 & 분량

배추 1/2통, 무 1/4개, 실파 50g, 갓 50g, 미나리 50g, 생굴 100g, 낙지 1/2마리, 배 1/4개, 밤 4개, 잣 1큰술, 석이버섯 5g, 건표고버섯 2장, 실고추, 소금

✢ **김치 양념**: 고춧가루 5큰술, 새우젓 1큰술, 소금 1/2작은술, 설탕 1/2작은술, 다진 마늘 1작은술, 다진 생강 1/2작은술

만드는 법

1 배추는 잎이 넓은 것을 골라서 소금물로 절이고, 충분히 절여지면 건져서 물기를 뺀다. 커다란 잎은 떼어서 두고, 안쪽의 줄기는 가로세로 4cm 크기로 썰어둔다.

2 무는 가로세로 4cm 크기로 납작하게 썰어 소금물에 절여둔다.

3 실파, 갓, 미나리는 깨끗이 씻어 다듬어서 4cm 길이로 썰어둔다.

4 생굴은 소금물에 흔들어 깨끗이 씻어 건지고, 낙지는 소금으로 주물러 씻어서 4cm 길이로 잘라 놓는다.

5 배는 껍질을 벗겨 가로세로 4cm 크기로 납작하게 썰고, 밤은 껍질을 벗겨 납작납작하게 모양대로 썰어 준비한다.

6 잣은 고깔을 떼어 놓고, 석이버섯은 뜨거운 물에 불려 깨끗이 씻은 후 곱게 채 썰고, 건표고버섯은 뜨거운 물에 불려 얇게 채 썰어 준비한다.

7 새우젓의 새우는 다져주고, 실고추는 2cm 크기로 잘라 놓는다.

8 큰 그릇에 절인 배추와 무를 담고, 김치 양념을 넣어 버무린 후 준비한 채소 실파, 갓, 미나리를 넣고 버무리다가 표고버섯, 배, 밤, 굴, 낙지를 넣고 버무린다.

9 보시기에 절인 배추잎을 넓게 펴고 '8'의 버무린 김치를 안에 담아준 후 위에 석이버섯, 잣, 실고추를 고명으로 얹는다.

10 여기에 김치 국물을 만들어 살짝 부어준다.

── 참고문헌

저서

황혜성 외 3인 공저, 한국음식대관 6권(궁중의 식생활), 한국문화재보호재단, 1997

한복려, 조선왕조궁중음식, 궁중음식문화재단, 2022

황혜성, 조선왕조궁중음식, 사단법인 궁중음식연구원, 1993

정재홍 외 10人, 아름다운 우리 향토음식, 형설출판사, 2018

정재홍 외 8人, 아름다운 우리전통음식 형설출판사, 2017

이성우, 고려이전 한국식생활사연구, 향문사, 1978

강인희 · 이경복, 한국식생활풍속, 삼영사, 1983

이효지, 조선왕조궁중연회음식의 분석적 연구, 수학사, 1985

이성우, 한국요리문화사, 교문사, 서울, 1985

구천서, 세계의 식생활문화, 향문사, 서울, 1995

한국음식대관, 한국문화재보호재단, 서울, 1999

강인희, 한국식생활사풍속, 삼영사, 1984

강인희, 한국의 맛, 대한교과서, 1999

한국음식문화오천년전준비위원회, 한국음식오천년, 유림문화사, 1988

강인희 외, 한국의 상차림, 효일문화사, 1999

한국관광공사, 한식조리개론, 경주관광교육원, 1990

김혜영 · 조은자 · 한영숙 · 김지영 · 표영희, 문화와 식생활, 효일문화사, 1998

윤서석, 우리나라 식생활 문화의 역사, 신광출판사, 1999

윤서석, 한국식품사연구, 신광출판사, 1997

황혜성 · 한복려 · 한복진, 한국의 전통음식, 교문사, 2003

구난숙 · 권순자 · 이경애 · 이선영, 세계속의음식문화, 교문사, 2017

하숙정 이종임, 떡과 폐백 그리고 이바지, 수도출판문화사, 2010

정재홍 외 7인, 우리떡 한과 음청류, 형설출판사, 2015

홍진숙, 한국 전통음식, 예문사, 1997

김양숙 외 8인 공저, 한식양념장, 파워북, 2014

허훈, 이인권, Korean Cooking, 혜지원, 2012

이진택, 모던한식조리, 백산출판사, 2022

황혜성 외 3인 공저, 3대가 쓴 한국의 전통음식, 교문사, 2011

한국전통음식연구소, 아름다운 한국음식 300선, 질시루, 2009

한식진흥원, 대장금의 궁중상차림, 한림출판사, 2017

한식재단, 그리움의 맛, 북한전통음식, 한국외식정보, 2017

논문

인터넷 참고 Site

https://cafe.daum.net/1dang100/Fl6b/11?q=%EC%B0%8C%EA%B0%9C%20%EA%B6%81%EC%A4%91%EC%9A%A9%EC%96%B4[궁중용어]

http://www.hansik.or.kr/kr/story/storyView.do?menuId=49&searchId=75&curPage=1&is-Paging=true&searchWord=&searchCode=&searchOrder=text

한식진흥원, https://www.hansik.or.kr

나무위키, https://ko.wikipedia.org/wiki/

위키백과, https://100.daum.net

한식재단, www.hansik.org

평양냉면-숨겨진 맛 북한전통음식 : 평양, 평안도, 황해도 전통음식 50가지 레시피 2013. 08. 24

저자 소개

이진택

신안산대학교 호텔조리과 교수
조리 외식경영 & 메뉴 컨설턴트(Menu Consultant)

신경은

신안산대학교 호텔조리과 교수
前)농촌진흥청 '한식소스 표준화 연구' 연구원

윤미리

신안산대학교 호텔조리과 교수
미리쿡 스튜디오 대표

장경태

국립순천대학교 조리과학과 교수
한국산업인력관리공단 조리기능사 실기감독위원

저자와의
합의하에
인지첩부
생략

현대적 감각으로 재해석한 한국 전통음식

2024년 9월 5일 초판 1쇄 인쇄
2024년 9월 10일 초판 1쇄 발행

지은이 이진택·신경은·윤미리·장경태
펴낸이 진욱상
펴낸곳 (주)백산출판사
교 정 박시내
본문디자인 신화정
표지디자인 오정은

등 록 2017년 5월 29일 제406-2017-000058호
주 소 경기도 파주시 회동길 370(백산빌딩 3층)
전 화 02-914-1621(代)
팩 스 031-955-9911
이메일 edit@ibaeksan.kr
홈페이지 www.ibaeksan.kr

ISBN 979-11-6567-909-5 93590
값 22,000원